高职高专土建类专业"十二五"规划教材

GAOZHI GAOZHUAN TUJIANLEI ZHUANYE SHIERWU GUIHUA JIAOCAI

工程力学习题集

GONGCHENGLIXUEXITIJI

◎主　编　朱耀淮

◎参　编　袁科惠　涂　波

中南大学出版社
www.csupress.com.cn

图书在版编目（ＣＩＰ）数据

工程力学习题集 / 朱耀淮主编. - - 长沙：中南大学出版社，
2015.6
ISBN 978 - 7 - 5487 - 1664 - 8

Ⅰ. 工…　Ⅱ. 朱…　Ⅲ. 工程力学－高等职业教育－习题集
　Ⅳ. TB12 - 44

中国版本图书馆 CIP 数据核字(2015)第 150925 号

工程力学习题集

朱耀淮　主编

□责任编辑　谭　平
□责任印制　易红卫
□出版发行　中南大学出版社
　　　　　　社址：长沙市麓山南路　　　　邮编：410083
　　　　　　发行科电话：0731 - 88876770　　传真：0731 - 88710482
□印　　装　长沙德三印刷有限公司

□开　　本　787×1092　1/16　□印张 7.25　□字数 171 千字
□版　　次　2015 年 7 月第 1 版　□印次　2017 年 12 月第 2 次印刷
□书　　号　ISBN 978 - 7 - 5487 - 1664 - 8
□定　　价　23.00 元

高职高专土建类专业"十二五"规划教材编审委员会

主　任

郑　伟　　赵　慧　　刘　霁　　刘孟良　　陈安生

李柏林　　玉小冰　　彭　浪　　邓宗国　　陈翼翔

副主任

（以姓氏笔画为序）

朱耀淮　　刘庆潭　　刘志范　　刘锡军　　汪文萍　　周一峰　　胡云珍　　夏高彦　　董建民　　蒋春平　　廖柳青　　潘邦飞

委　员

（以姓氏笔画为序）

万小华	王四清	卢　滔	叶　姝	吕东风	伍扬波	刘小聪	刘可定	刘汉章	刘剑勇	刘　靖	许　博
阮晓玲	阳小群	孙湘晖	杨　平	李　龙	李亚贵	李延超	李进军	李丽君	李　奇	李　侃	李海霞
李清奇	李鸿雁	李　鲤	肖飞剑	肖恒升	何立志	何　珊	何奎元	宋士法	宋国芳	张小军	陈贤清
陈　晖	陈淳慧	陈　翔	陈婷梅	林孟洁	欧长贵	易红霞	罗少卿	周　伟	周良德	周　晖	项　林
赵亚敏	胡蓉蓉	徐龙辉	徐运明	徐猛勇	高建平	黄光明	黄郎宁	曹世晖	常爱萍	彭　飞	彭子茂
彭仁娥	彭东黎	蒋建清	蒋　荣	喻艳梅	曾维湘	曾福林	熊宇璟	魏丽梅	魏秀瑛		

出版说明 INSTRUCTIONS

在新时期我国建筑业转型升级的大背景下，按照"对接产业、工学结合、提升质量，促进职业教育链深度融入产业链，有效服务区域经济发展"的职业教育发展思路，为全面推进高等职业院校建筑工程类专业教育教学改革，促进高端技术技能型人才的培养，我们通过充分调研和论证，在总结吸收国内优秀高职高专教材建设经验的基础上，组织编写和出版了本套基于专业技能培养的高职高专土建类专业"十二五"规划教材。

近几年，我们率先在国内进行了省级高等职业院校学生专业技能抽查工作，试图采用技能抽查的方式规范专业教学，通过技能抽查标准构建学校教育与企业实际需求相衔接的平台，引导高职教育各相关专业的教学改革。随着此项工作的不断推进，作为课程内容载体的教材也必然要顺应教学改革的需要。本套教材以综合素质为基础，以能力为本位，强调基本技术与核心技能的培养，尽量做到理论与实践的零距离；充分体现了《关于职业院校学生专业技能抽查考试标准开发项目申报工作的通知》(湘教通〔2010〕238号)精神，工学结合，讲究科学性、创新性、应用性，力争将技能抽查"标准"和"题库"的相关内容有机地融入教材中来。本套教材以建筑业企业的职业岗位要求为依据，参照建筑施工企业用人标准，明确职业岗位对核心能力和一般专业能力的要求，重点培养学生的技术运用能力和岗位工作能力。

本套教材的突出特点表现在：一、把建筑工程类专业技能抽查的相关内容融入教材之中；二、把建筑业企业基层专业技术管理人员(八大员)岗位资格考试相关内容融入教材之中；三、将国家职业技能鉴定标准的目标要求融入教材之中。总之，我们期望通过这些行之有效的办法，达到教、学、做合一，使同学们在取得毕业证书的同时也能比较顺利地考取相应的职业资格证书和技能鉴定证书。

高职高专土建类专业"十二五"规划教材

编审委员会

前　　言

　　本书是根据教育部高等学校土建学科教学指导委员会审定的"工程力学"教学大纲编写的。它集作者33年教学经验，突出了高职教育的针对性、实用性。针对学习内容难点，用直观明了的方法给出了相应的练习，对容易忽视的基本知识进行重点训练，对综合性题将其分解成若干个小题给出，特别还将工程实际中遇到的力学问题收集其中。少数难题给出了提示性计算步骤。

　　本书由湖南高速铁路职业技术学院朱耀淮主编，袁科慧、涂波参编，其中，李春光老师为静力学部分的编写、彭贤玉为材料力学部分的编写提出了宝贵的意见，在此一并表示感谢。

　　限于编者水平，书中缺点和错误在所难免，恳请批评指正。

编者

2015 年 6 月

前　言

目　　录

1-1 若图示 AB 物体受力后处于平衡，则 $F =$ ＿＿，$\alpha =$ ＿＿。

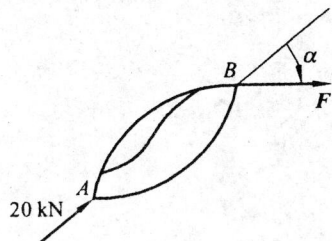

1-2 图示物体在(a)状态以匀速 v 向前运动，到(b)状态时撤去二力，忽略风阻力和地面摩擦力，则(b)状态 $v_b =$ ＿＿。

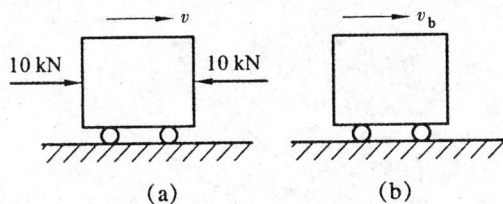

1-3 将图示(b)状态代替(a)状态，其中物体必定抽象成＿＿体。

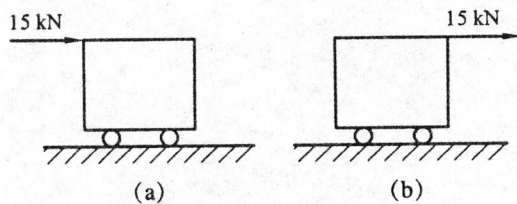

1-4 试按平行四边形公理画出图中分力 F_2 大小和方向(合力 R 由 F_1 和 F_2 合成)。

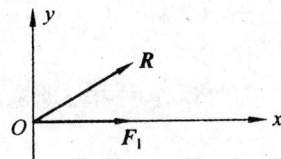

1-5 图示力 R 作用在 B 点，试求其分力 R_x 和 R_y，并在图中标出 R_x，R_y。

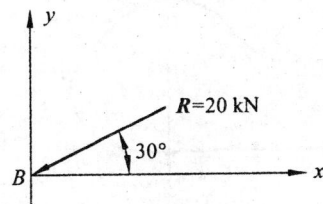

$R_x =$ ＿＿＿＿＿

$R_y =$ ＿＿＿＿＿

1-6 下图是伞挂在桌子上的受力分析，其中三力中属于作用力与反作用力的是＿＿＿力，属于二力平衡的是＿＿＿力。

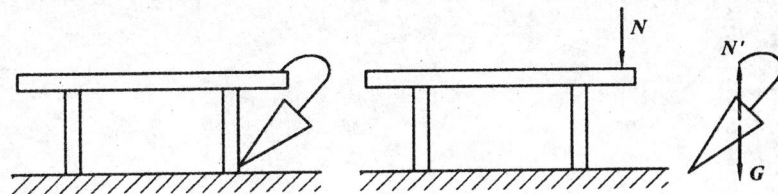

1-7 判断下列陈述正确与否。

a. 刚体是变形非常小的物体。（   ）

b. 力的可传性原理适合所有物体。（   ）

c. 合力总是比分力大。（   ）

d. 二力平衡公理、作用力与反作用力公理是同一概念。（   ）

1-8 图示物体受 F_1，F_2，F_3 三力作用而处于平衡，试按三力汇交平衡原理画出 F_3 的作用线和方向，并求出 F_3 的大小。

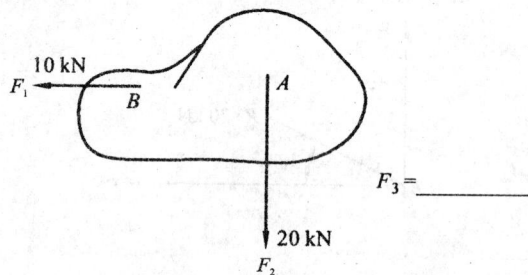

$F_3 = $＿＿＿＿＿＿

1 - 9　试画出图示圆球物体的受力图。

1 - 10　试画出图示 *AD* 杆(自重不计)的受力图。

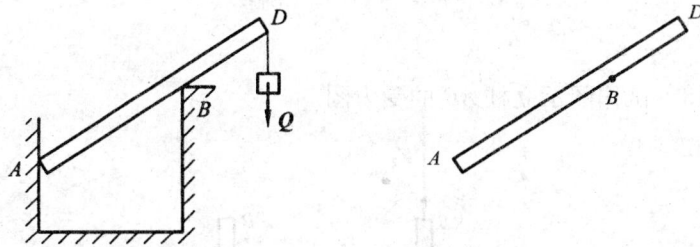

1 - 11　画出图示放在沟槽中的钢圆柱体的受力图。

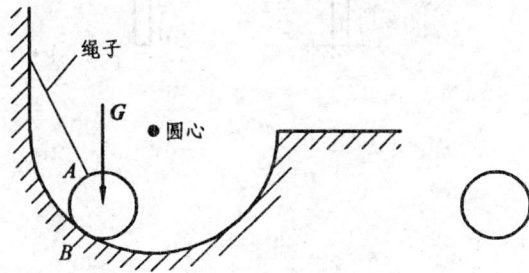

1 - 12　试作图示梁的受力图(自重不计)。

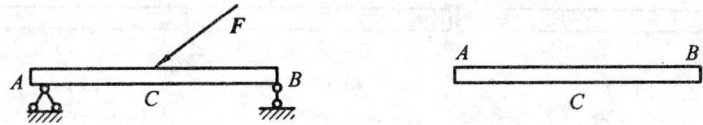

1 - 13　试作图示梁的受力图(自重不计)。

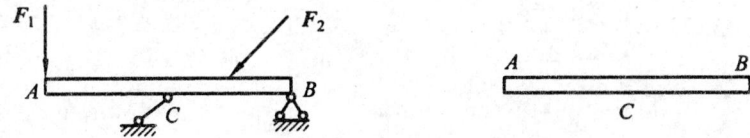

1 - 14　试作图示梁的受力图(自重不计)。

1-15　下列图中不是固定铰支座的是＿＿＿＿。

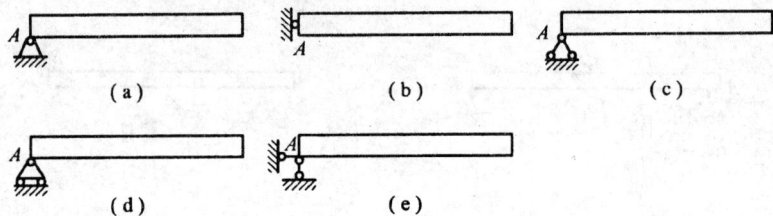

（a）　　　　　　　　　　（b）　　　　　　　　　　（c）

（d）　　　　　　　　　　（e）

1-16　下列图示中不可看作可动铰支座的是＿＿＿＿。

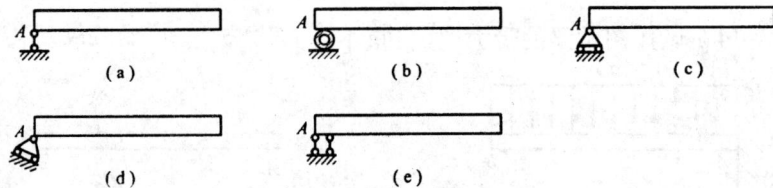

（a）　　　　　　　　　　（b）　　　　　　　　　　（c）

（d）　　　　　　　　　　（e）

1-17　试作图示 AB 梁的受力图。

1-18　试作图示立柱 AB 的受力图。

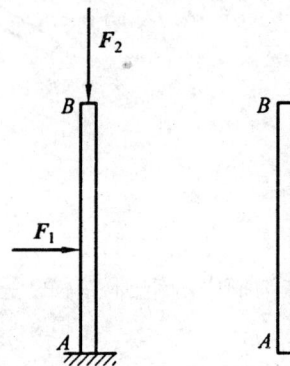

1-19　画出图示结构中 *BC* 杆、*AD* 杆的受力图。

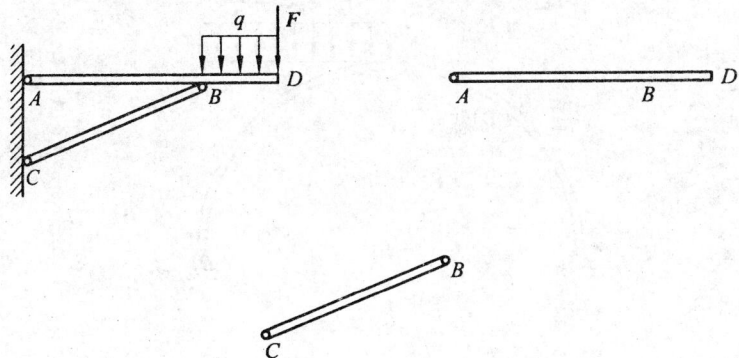

1-20　试画出图示结构中 *BC* 杆、*AD* 杆的受力图。

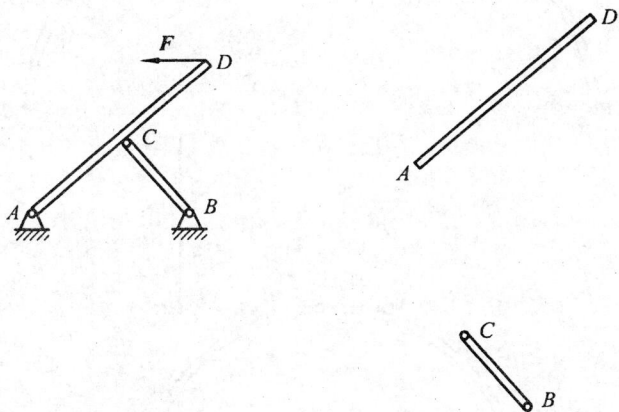

1-21　试画出图示结构 *AC*、*BD* 的受力图。

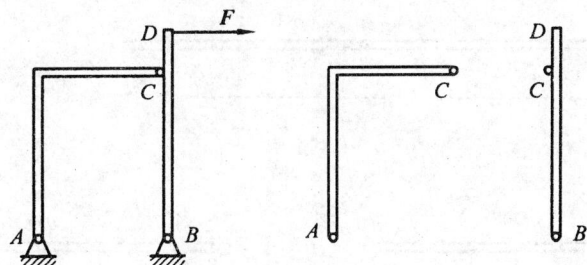

1-22　判断下列陈述正确与否。

a. 二力杆就是两点受力的杆。（　）

b. 二力构件的受力与构件形状无关。（　）

c. 铰接点约束反力只能用两个分力表示。（　）

1-23　试画出图中结构 *AB*、*BC* 及整体受力图。

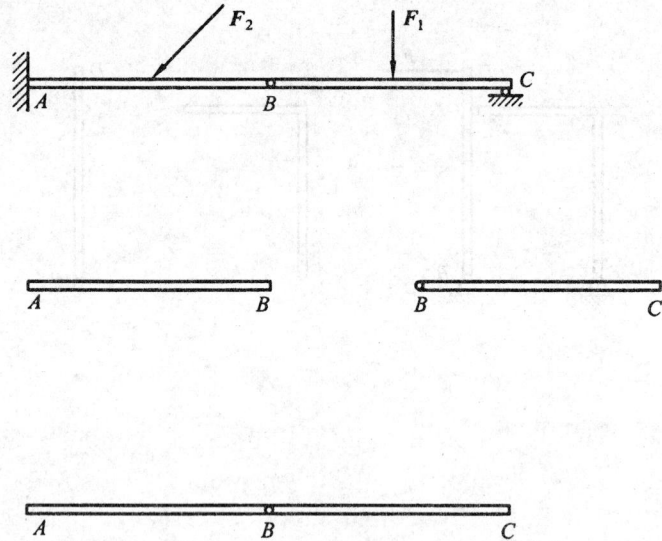

1-24　试作出图示三铰拱 *AC*、*BC* 及整体受力图。

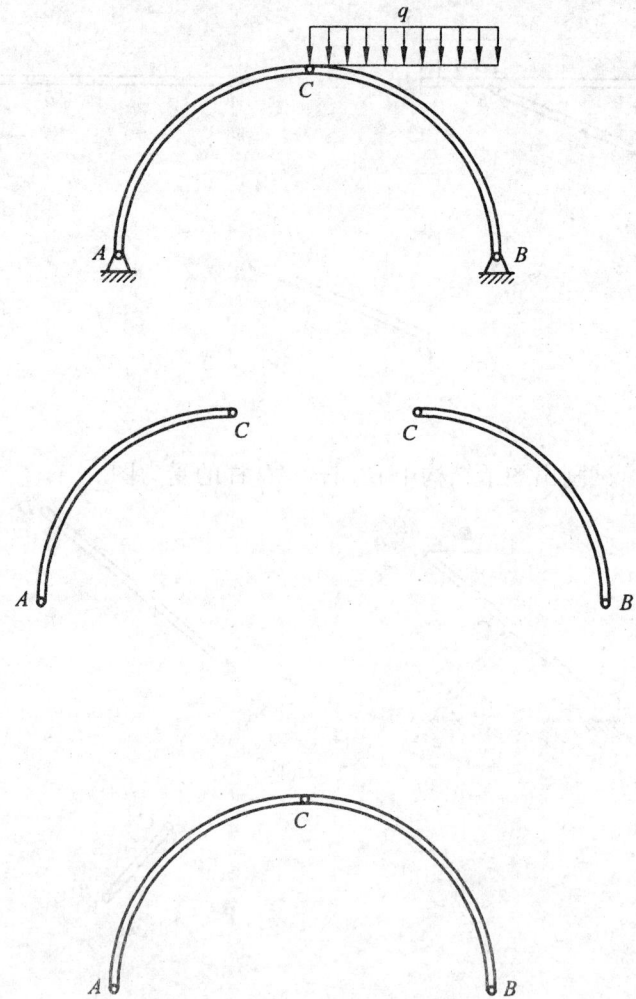

1-25　试画出图中物体 *AB* 及物体 *E* 的受力图。

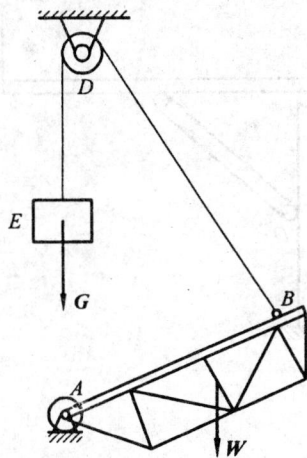

1-26　作杆 *AB*、球 *C* 的受力图。

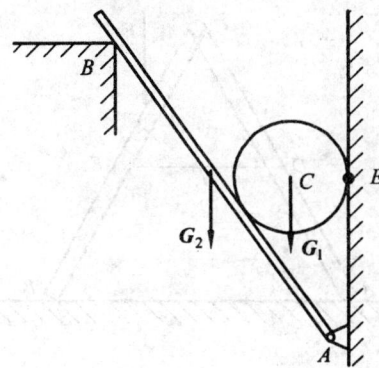

1-27　试作图示结构中 AC、BC 部分的受力图。

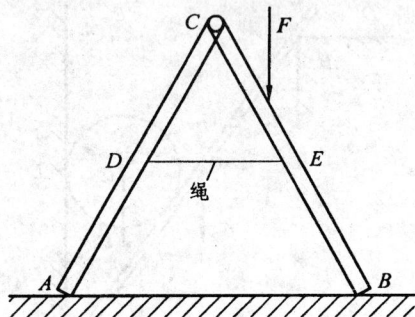

1-28　试作图示结构中各部分受力图。

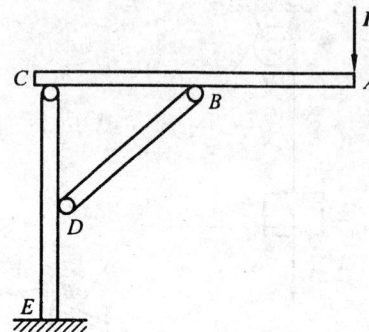

1－29　试作图示结构中 *AB*、*BC*、行车部分及整体受力图。

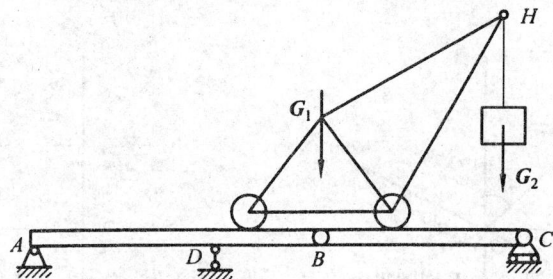

1－30　图示结构自重不计，试画各部分及整体受力图。

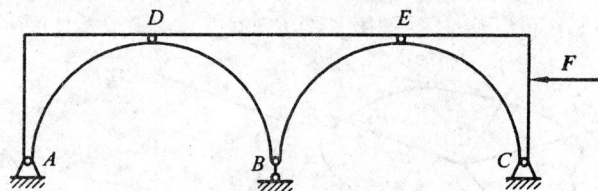

2-1　某一平面汇交力系如图(a)所示。①在图(b)中画出合力 R；②若该平面汇交力系平衡，则 $R=$ ＿＿＿。

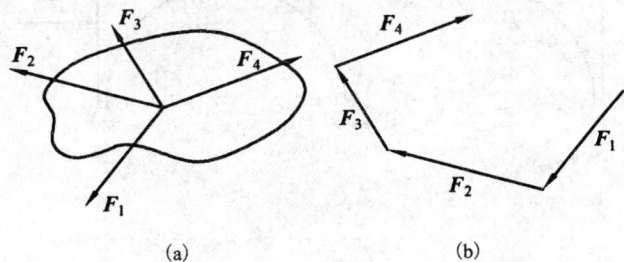

(a)　　　　　　　(b)

2-2　分别求坐标系中各力在 x、y 轴上的投影。

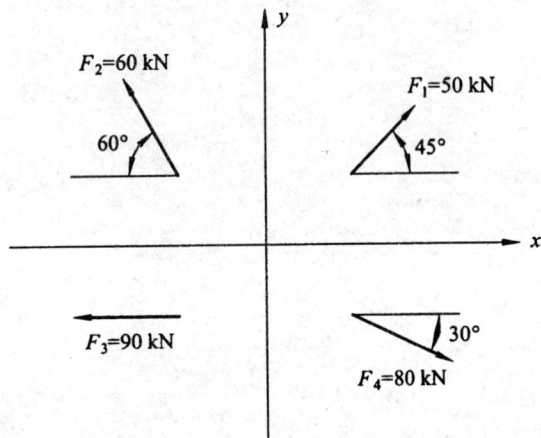

$X_1 =$

$X_2 =$

$X_3 =$

$X_4 =$

$Y_1 =$

$Y_2 =$

$Y_3 =$

$Y_4 =$

2-3　已知各力如图所示，求该力系的合力 R，标注 R 在图(b)中。

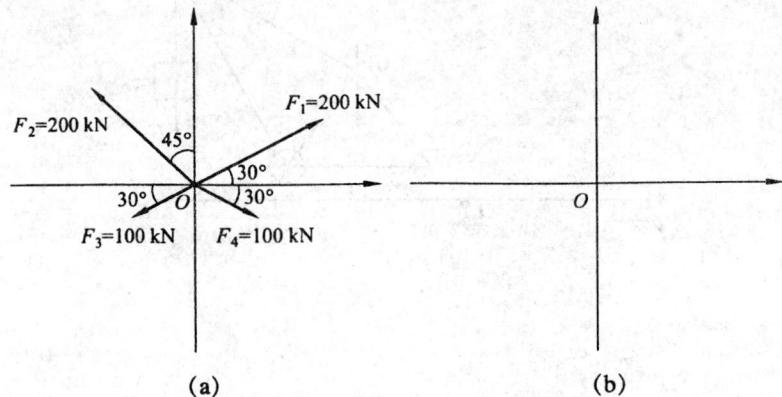

(a)　　　　　　　(b)

2-4　图示物体在 A、B、C、D 四点受力恰好构成闭合的四边形，问该物体平衡吗？

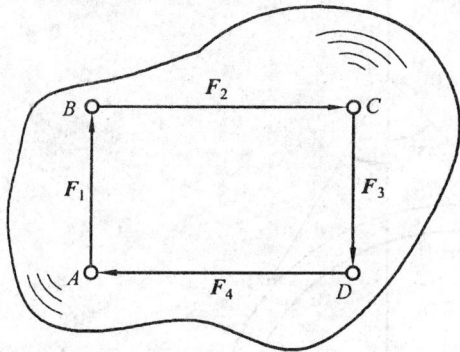

a. 平衡（　）

b. 不一定平衡（　）

c. 不平衡（　）

2-5　下图为汇交力系的力三角形，图（a）中的合力 $R =$ ＿＿＿＿，图（b）三力之中＿＿＿＿是合力。

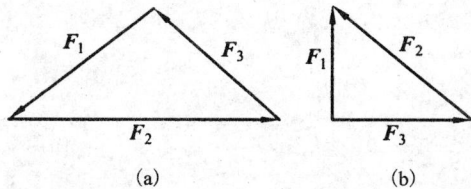

（a）　　　　　　　（b）

2-6　判断。

a. 力 F 沿 x 轴、y 轴的分力与力在该两轴上的投影没有区别。（　）

b. 若 F_1、F_2 在同一轴上的投影相等，则这两个力一定相等。（　）

c. 力 F 在某轴上的投影为零，则该力一定为零。（　）

2-7　已知如图，求各力在 x、y 轴上的投影。

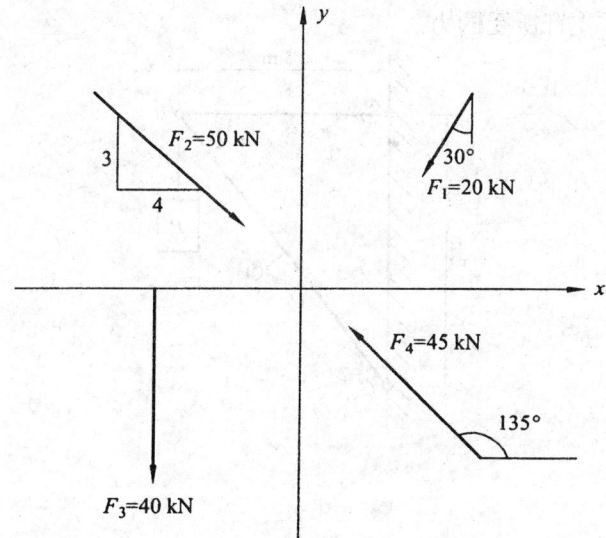

2-8　图示为三角形支架，B 处承荷载重 $P = 36$ kN，试计算 AB 杆及 BC 支杆所受的力。

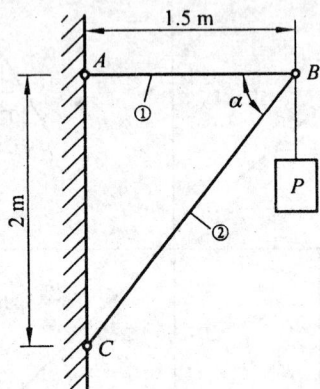

2-9　匀速起吊构件 BC，试求钢索 AB、AC 所受的拉力。

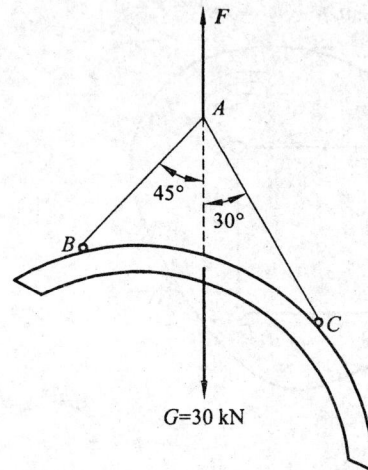

2－10　如图示三角支架，各处均为铰接，试求 *AB*、*BC* 杆所受的力。

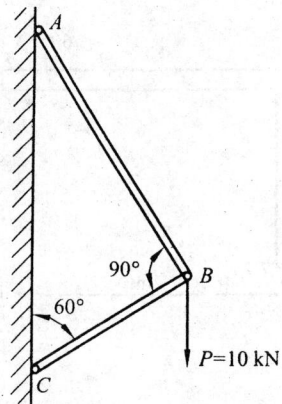

2－11　简易起重机如图所示。*B*、*C* 为铰链支座。钢丝绳的一端缠绕在卷扬机 *D* 上，另一端绕过滑轮 *A* 将重为 $W=26$ kN 的重物匀速吊起。杆件 *AB*、*AC* 及钢丝绳的自重不计，各处的摩擦不计。试用解析法求杆件 *AB*、*AC* 所受的力。

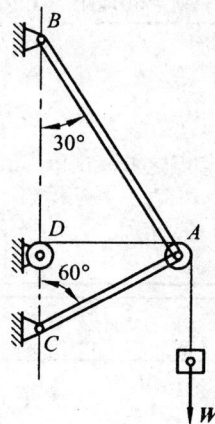

3-1　计算图示力对指定点之矩。

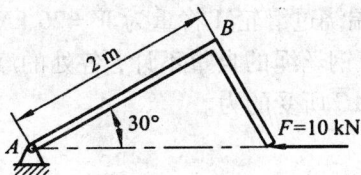

$M_A(F)=$ _____

$M_B(F)=$ _____

3-2　计算图示力对指定点之矩。

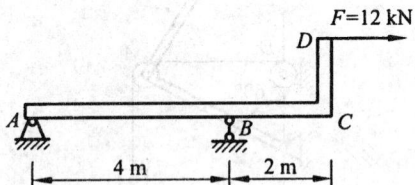

$M_A(F)=$ _____

$M_B(F)=$ _____

3-3　用合力矩定理求图示力 P 对 A 点之矩。

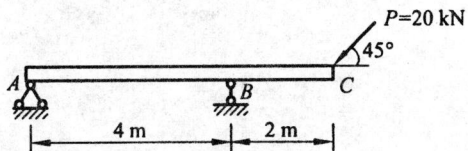

3-4　用合力矩定理求力 P 对 A 点之矩。

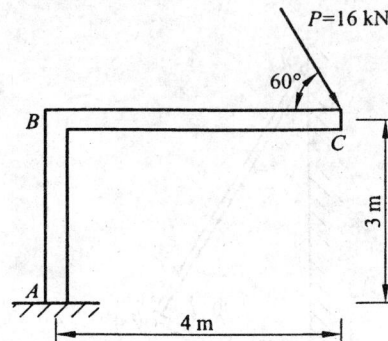

3-5　用合力矩定理求分布荷载 q 对 B 点之矩。

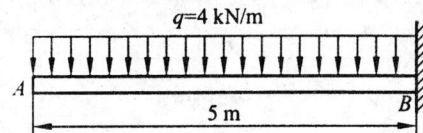

3-6　用合力矩定理求图示梁上 F_1、F_2、F_3 的合力作用线位置，即 a 值。

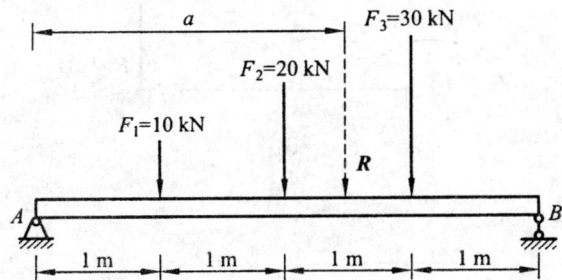

3-7　分别求图示分布荷载对 A、B 点之矩。

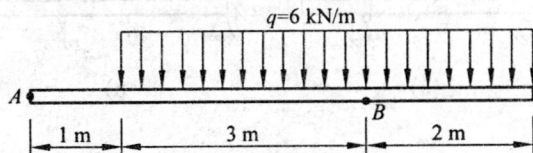

$\sum M_A(q) = $ ＿＿＿＿＿＿＿＿＿＿＿

$\sum M_B(q) = $ ＿＿＿＿＿＿＿＿＿＿＿

3-8　图示挡土墙受力 $G_1 = 75$ kN，$G_2 = 120$ kN，$P = 90$ kN，试求此三力中使墙绕 A 点有倾倒趋势的力矩。

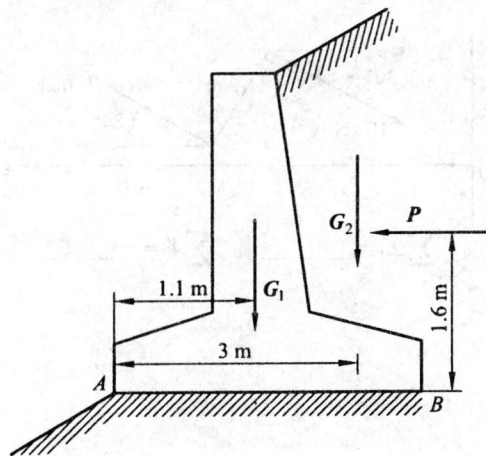

3-9　求图示力偶在 x、y 轴上的投影。

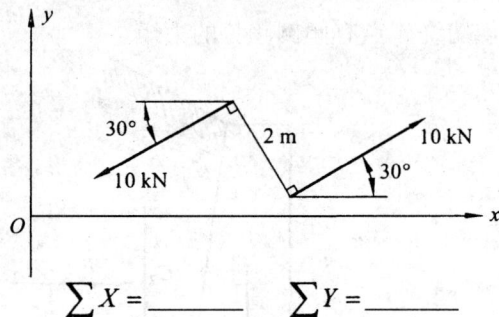

$$\sum X = \underline{\qquad} \qquad \sum Y = \underline{\qquad}$$

3-10　判断题。

a. 合力矩定理只适用于刚体。（　　）

b. 力偶在某些轴上的投影为零，某一些轴上不为零。（　　）

c. 作用在同一平面内的力偶系合成，可以直接将其力偶矩相加。
（　　）

d. 力偶对其作用面内任意点之矩为常数。（　　）

3-11　判断下列陈述正确与否。

a. 力偶可以合成为一个力。（　　）

b. 力偶矩的大小与矩心无关。（　　）

c. 力偶对其作用面内任一点之矩为常数。（　　）

3-12　力偶矩等效地画成平行力的形式，试补画出其中另一力
的大小和方向、力偶臂长度。

3-13　根据力偶的性质判断图（a）与图（b）中支座反力为＿＿＿。

a. 不一样大

b. 一样大

c. 不能判定

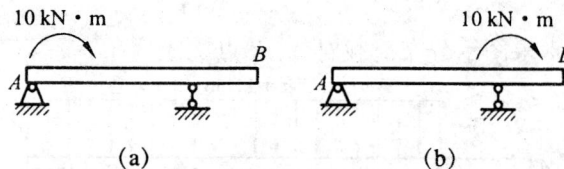

(a)　　　　　　　　　　(b)

班级＿＿＿＿＿＿＿ 姓名＿＿＿＿＿＿＿＿＿ 学号＿＿＿＿＿＿＿＿＿

3－14 根据力偶的性质,图示两个已知力偶对 A 点的合力偶矩 $\sum M_A = 16 - 10 \times 2 = -4 \ \text{kN} \cdot \text{m}$。试完成下列填空和计算。

(1)计算两个已知力偶对 B 点的合力偶矩。

$\sum M_B = $ ＿＿＿＿＿＿＿＿＿＿＿＿＿＿＿＿＿＿

(2)求 A、B 支座反力。

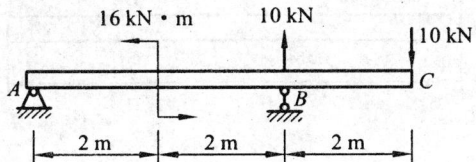

3－15 求图示结构 A 铰处反力及绳 BC 的拉力。

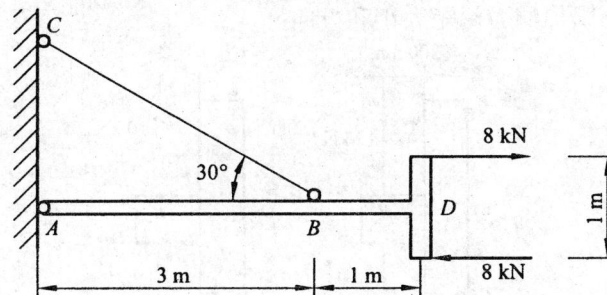

4-1 将图示牛腿柱在 B 点受力平移至轴心 A 点，试在图(b)中 A 点补画附加的力偶矩大小和方向。

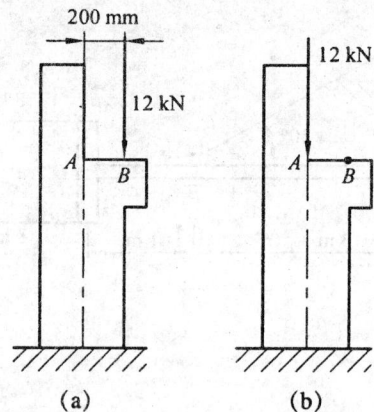

200 mm

12 kN

12 kN

A B

A B

(a)

(b)

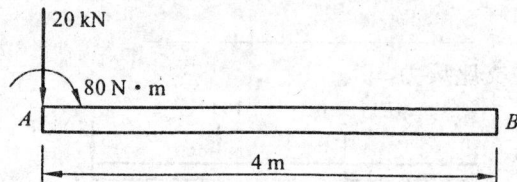

4-2 将图(a)中力 20 kN 平移至 A 点，并标注在图(b)中。

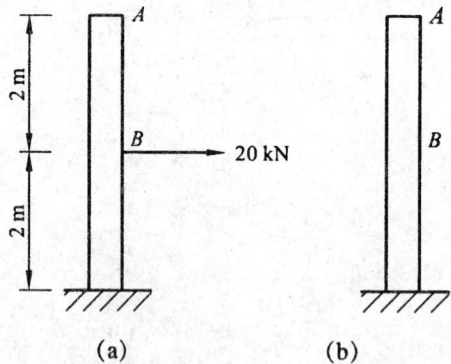

A

2 m

B → 20 kN

2 m

(a)

A

B

(b)

4-3 将图示 20 kN 和 80 N·m 一起向 B 点简化，简化结果：

主矢量 R = _____

主矩 M_B = _____

20 kN

80 N·m

A B

4 m

4-4 作图示立柱受力图。

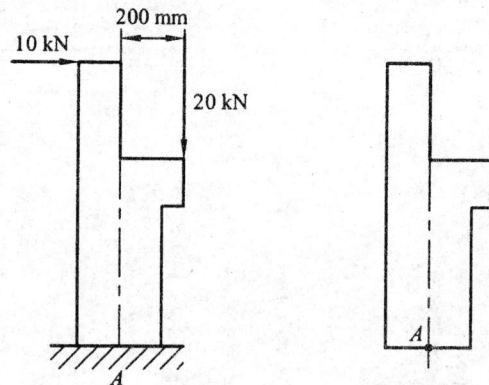

200 mm

10 kN →

20 kN

A

A

4-5　图示铰盘有三个长度均为 0.8 m 的铰杠,杠端各有一个垂直于杠的力,求该三力向铰盘中心 O 简化的结果。

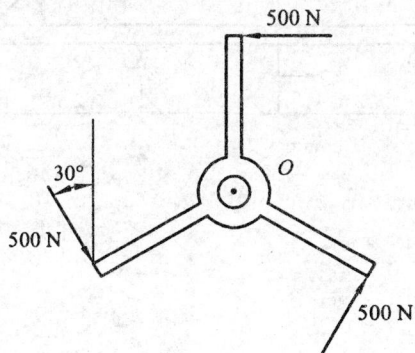

4-6　如图示左半部分埋入墙体的悬臂梁,设左半部分受力如图(b)所示,试将左半部分受力简化至 A 点,将主矢 F 分解为 X_A、Y_A,最后标注在图(c)中的 A 点处。

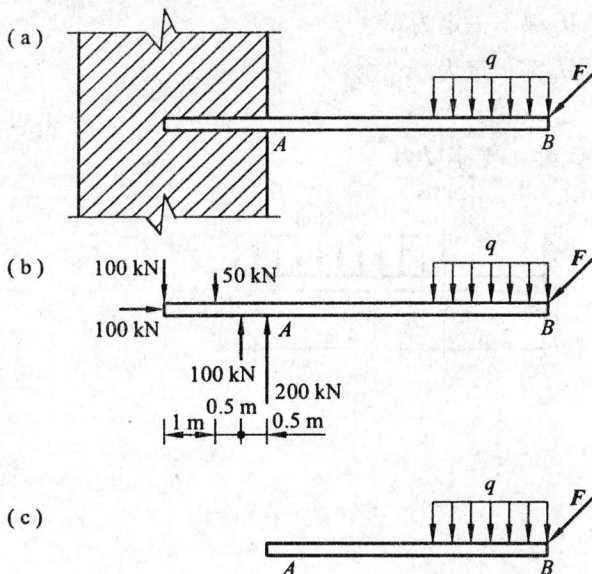

(a)

(b)

(c)

4-7　平面任意力系的平衡方程有三种形式,现已写出了基本式,请完成其他两种形式。

$$(1) \begin{cases} \sum X = 0 \\ \sum Y = 0 \\ \sum M_0(F) = 0 \end{cases} \qquad (2) \begin{cases} \\ \\ \end{cases} \qquad (3) \begin{cases} \\ \\ \end{cases}$$

4－8　平面任意力系向某一指定点简化的结果是＿＿＿＿＿

a. 主矢 $R' \neq 0$，主矩 M_0 一定为零

b. 主矩 $M_0 \neq 0$，主矢 R' 一定为零

c. 主矢 R'、主矩 M_0 都不一定为零

d. 主矢 R'、主矩 M_0 都一定为零

4－9　求图示悬臂梁 A 支座反力。

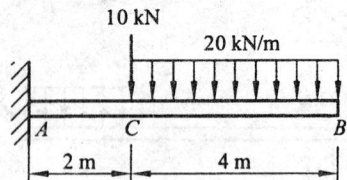

4－10　求图示外伸梁 A、B 支座反力。

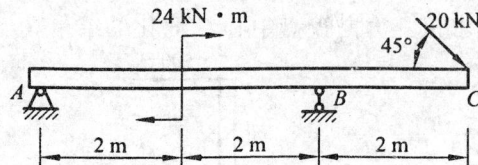

4－11　求图示悬臂刚架 A 支座反力。

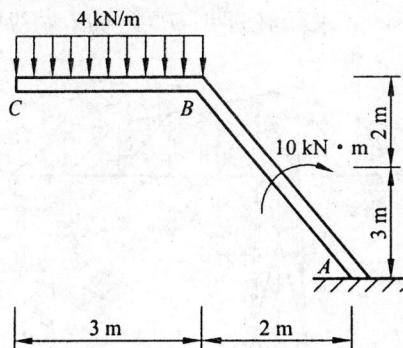

4－12　求图示简支梁 A、B 支座反力。

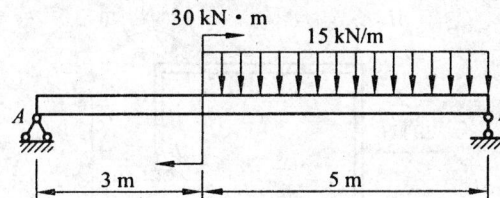

4－13　试求图示刚架 A、B 支座反力。

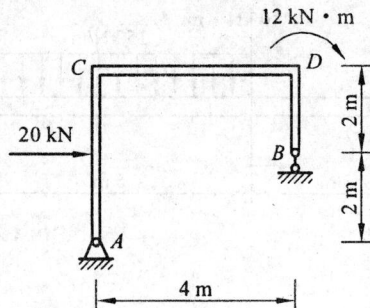

4－15　图示起重机，两脚为可滚动的支轮，左端平衡块重 $Q = 30$ kN，塔重 220 kN，求满载时 A、B 支座反力，并问此起重机满载时会不会翻倒？

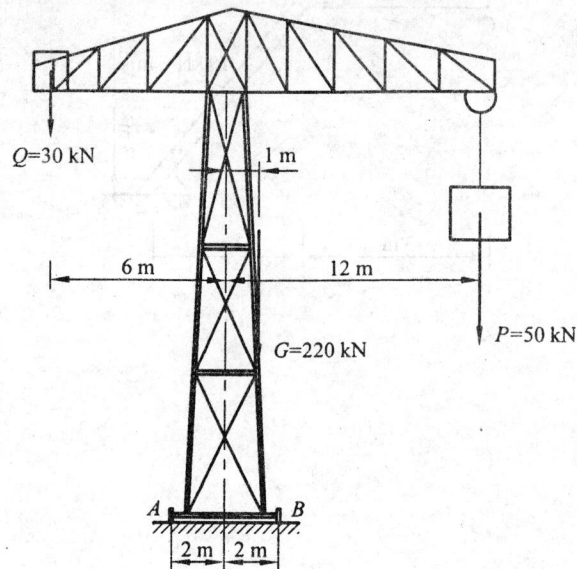

4－14　试补写完成平行力系的平衡方程的二种方程形式。

(1) $\begin{cases} \\ \sum M_A(F) = 0 \end{cases}$　　　　　(2) $\begin{cases} \\ \sum M_A(F) = 0 \end{cases}$

4-16　求图示梁 A、B、D 支座反力及铰 C 约束力。

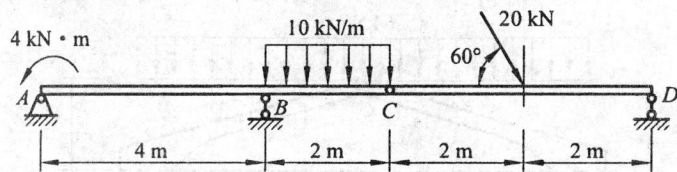

4-17　求图示三铰拱 A、B 支座反力及铰 C 约束力。

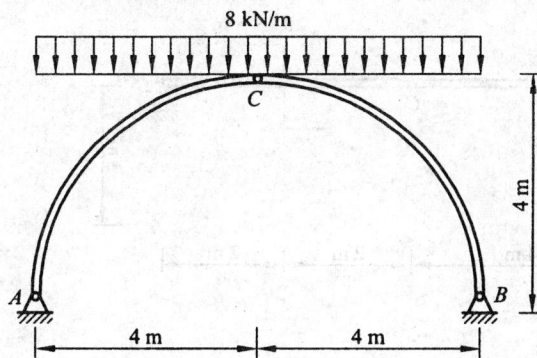

4-18　求图示刚架 A、D 支座反力及铰 C 约束力。

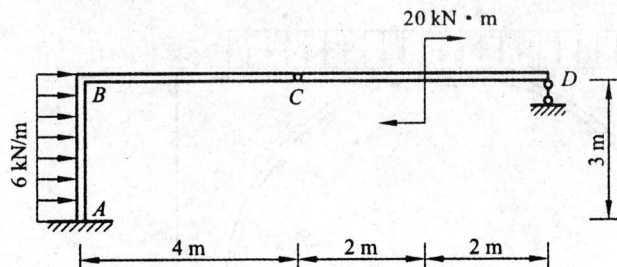

4-19　图示屋架自重不计，试求拉杆 AB 及中间铰 C 所受的力。

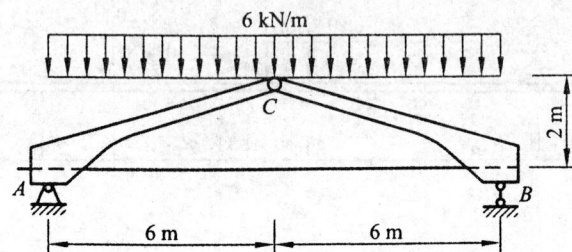

4-20　试求图示两跨刚架的支座反力。

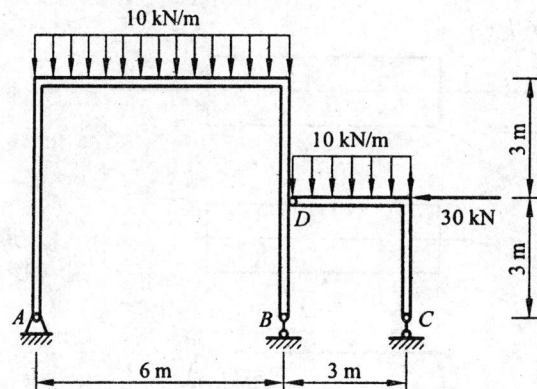

4-21　求图示桁架各杆的轴力。

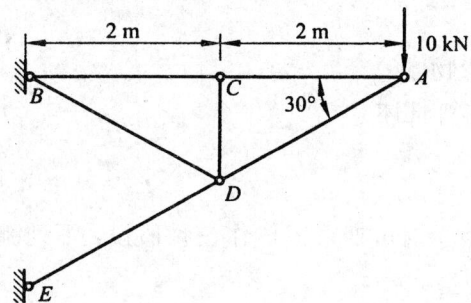

5-1　材料力学研究的对象主要是＿＿＿＿＿＿。

    a. 刚体

    b. 大变形物体

    c. 小变形弹性体

5-2　材料力学对可变形固体作三种假设,下列哪一种是错误的?＿＿＿＿＿＿。

    a. 连续性假设

    b. 均匀性假设

    c. 各向异性假设

5-3　对于材料力学的主要研究对象,按其几何形状态,应是＿＿＿＿＿＿。

    a. 板

    b. 杆

    c. 壳

    d. 实体

5-4　杆件变形的基本形式为下列四种,试补画完整其中未画受外力的受力图。

(a)　轴向拉伸

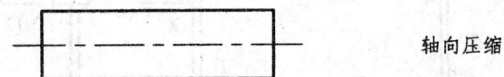

(b)　轴向压缩

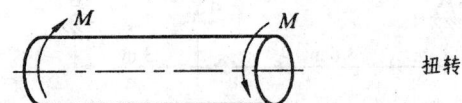

(c)　扭转

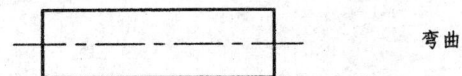

(d)　弯曲

6-1　图示杆件中，其中 BC 段为轴向拉伸或压缩的是＿＿＿＿＿。

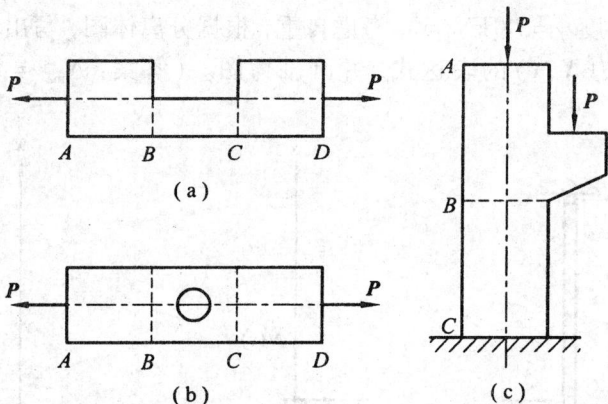

（a）

（b）

（c）

6-2　为求图（a）所示杆 $\text{II} - \text{II}$ 截面内力，取脱离体如图（b），完成下列步骤。

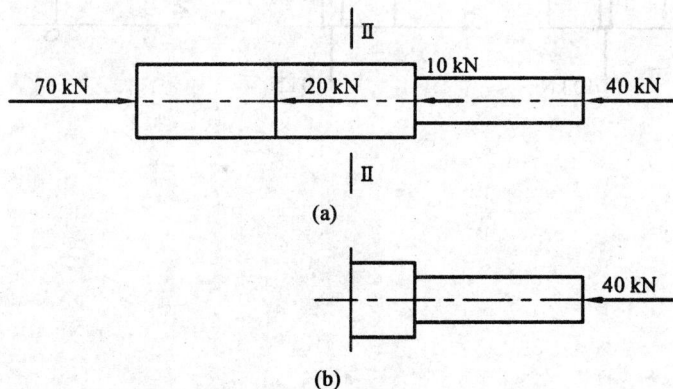

(a)

(b)

（1）将受力图（b）补画完整。

（2）列出求 N_2 的方程。

$$\sum X = 0：$$

（3）求出 N_2 的值。

6-3　试画出图示杆件的轴力图。（要求写出计算过程）

（答案：$N_{BC} = -10 \text{ kN}$）

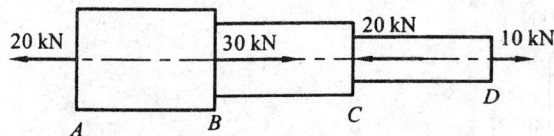

6-4　试画出某木架中 AB 立柱的轴力图。不考虑自重，要求有计算过程。

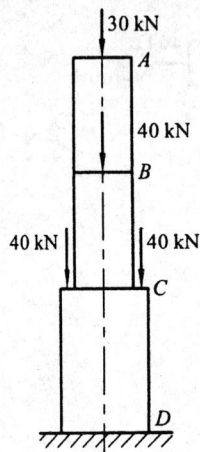

6-5　某起重机起重用的钢索如图示，已知索截面面积为 $A=4$ cm^2，重度 $\gamma = 78$ kN/m³，考虑自重，根据分离体图，写出求任一截面轴力 $N(x)$ 的表达式，并画轴力图。（答案：$N_{max} = 10.312$ kN）

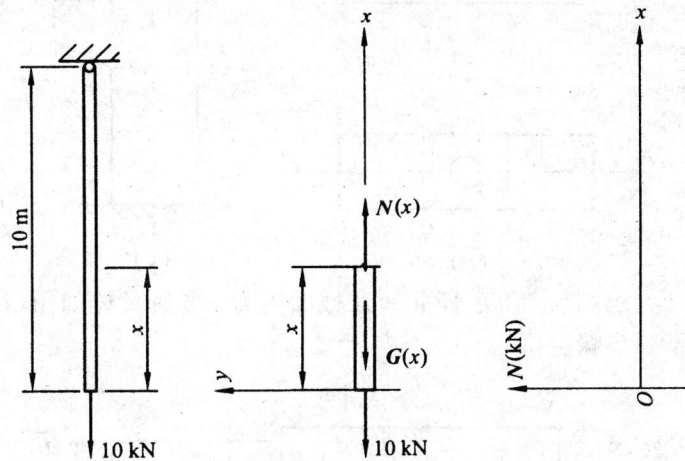

6-6　某杆受力如图示，横截面面积 $A = 40 \text{ mm}^2$，试画出 I - I 截面上正应力分布形式图并求正应力大小值。

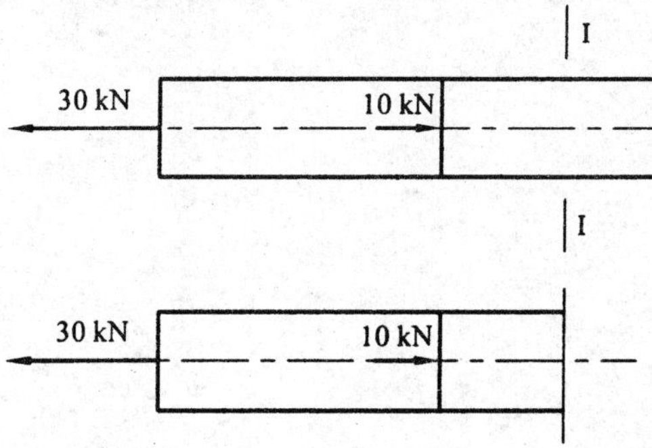

6-7　图示为低碳钢圆截面拉伸试件，I - I 横截面直径为 10 mm，试计算 I - I 截面上的正应力。

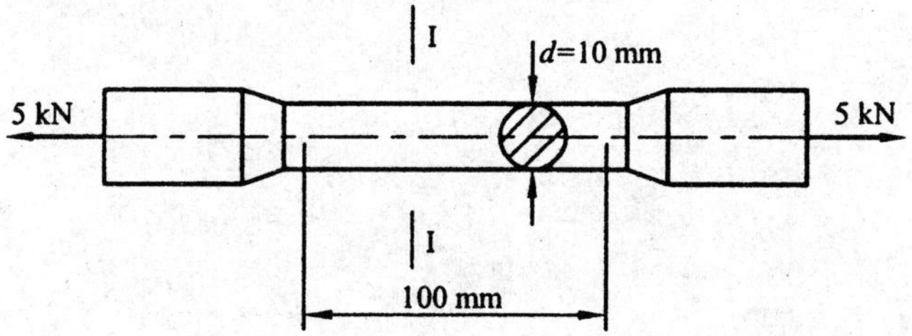

6-8　完成下列单位换算。

a. 10 Pa = ＿＿＿＿＿ N/m²　　　　b. 1 MPa = ＿＿＿＿＿ Pa

　10 MPa = ＿＿＿＿＿ Pa　　　　　　　　　 = ＿＿＿＿＿ N/m²

　1 GPa = ＿＿＿＿＿ Pa　　　　　　1 MPa = ＿＿＿＿＿ N/mm²

6-9　图示钢板，在中间钻有螺栓孔，直径 $d = 20$ mm，板宽 200 mm，板厚 10 mm，试求圆孔所在的 I - I 截面上的正应力。

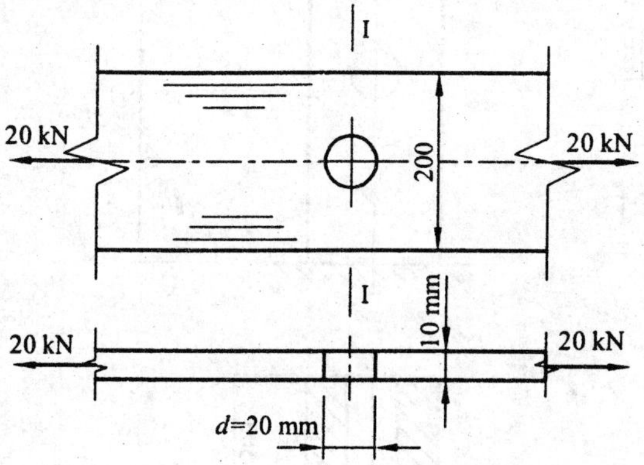

6-10　某钢筋混凝土方形截面柱，其重度 $\gamma = 20 \text{ kN/m}^3$，由于工程上的需要，在柱中预留一圆孔，考虑自重，求圆孔所在 I - I 截面上的正应力。(答案：$\sigma_{\text{I-I}} = -0.089 \text{ MPa}$)

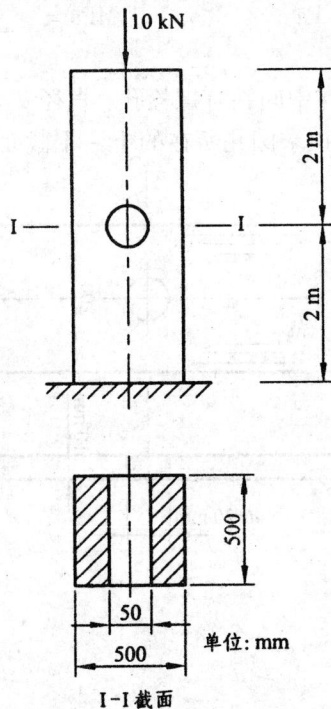

I-I截面

6－11　胡克定律有两种表达形式,对应图示杆,式中各量有两种解释,在正确的解释后面打"√"

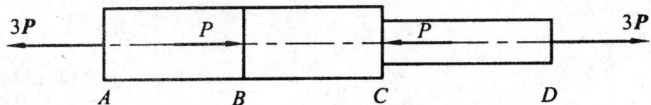

①$\Delta L_{BC} = \dfrac{N \cdot L}{EA}$　　　　②$\sigma_{BC} = E \cdot \varepsilon$

σ_{BC}——BC 段杆中截面正应力。

N——$\begin{cases} BC \text{ 段杆的轴力},\ N = +2P\text{。（　）} \\ BC \text{ 段杆的轴向外力},\ N = -P\text{。（　）} \end{cases}$

ε——$\begin{cases} \text{杆件纵向伸长量。（　）} \\ BC \text{ 段内对应的应力引起纵向线应变。（　）} \end{cases}$

6－12　图示圆截面钢筋,原长 8 m,在外力 $P = 11.78$ kN 作用下,伸长了约 6 mm,弹性模量 $E = 200$ GPa,试求其线应变 ε。

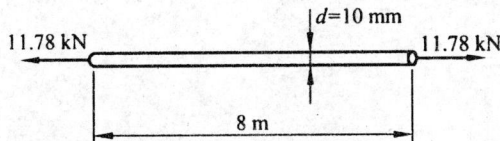

(1)由公式 $\varepsilon = \dfrac{\Delta l}{l}$ 求 ε。

(2)由公式 $\sigma = E \cdot \varepsilon$ 求 ε。

6－13　图示木柱直径 $d = 150$ mm,弹性模量 $E = 10$ GPa,求木柱的轴向总压缩量。

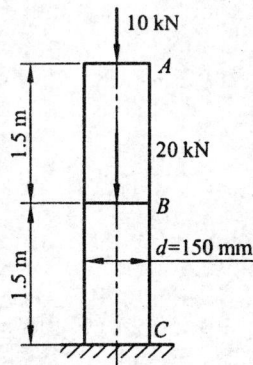

6-14 横截面为正方形的阶梯砖柱如图示，截面的边长分别为 240 mm 和 370 mm，砖的弹性模量 $E=3\times10^3$ MPa，试计算：①A 截面的竖向位移；②BC 段线应变 ε。（计算时，不考虑砖柱自重）（答案：①$\Delta L=-1.863$ mm；②$\varepsilon=-0.292\times10^{-3}$）

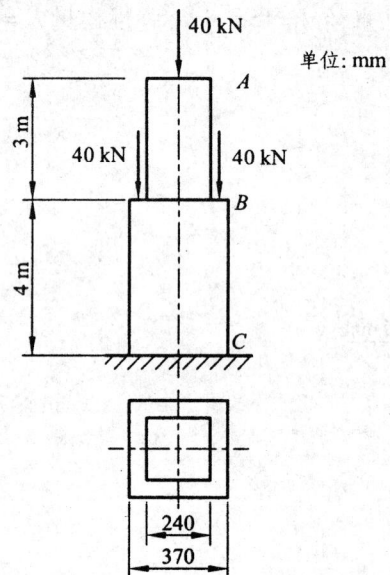

40 kN

单位: mm

3 m

40 kN   40 kN

A

B

4 m

C

240

370

6-15　下图为低碳钢的应力-应变图，请标出图中 A、B、C、D 四点对应的应力，并依次写出其名称和大致值。

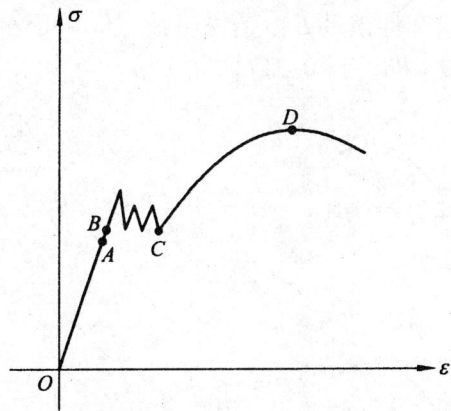

σ_p——＿＿＿＿＿＿＿＿＿＿极限，$\sigma_p =$ ＿＿＿＿＿＿MPa；

σ_s——＿＿＿＿＿＿＿＿＿＿极限，$\sigma_x =$ ＿＿＿＿＿＿MPa；

σ_b——＿＿＿＿＿＿＿＿＿＿极限，$\sigma_b =$ ＿＿＿＿＿＿MPa。

胡克定律 $\sigma = E \cdot \varepsilon$ 的适用范围是图中＿＿＿＿＿＿段。

6-16　刚度大的材料，E 值就大，由公式 $E = \tan\alpha$ 可知：在应力-应变图中，曲线表现出更靠近 σ 轴，试问图中 a、b、c 三种不同材料，其刚度最大的是＿＿＿；塑性最好的是＿＿＿；强度最高的是＿＿＿。

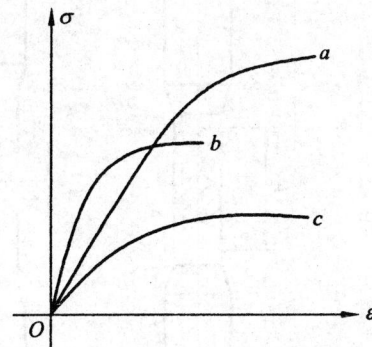

6-17　图示为低碳钢拉伸应力-应变图，当构件拉伸至图中 D 点时，构件包含的变形是＿＿＿＿＿＿＿。
a. 既有弹性变形，又有塑性变形
b. 全部为弹性变形
c. 全部为塑性变形

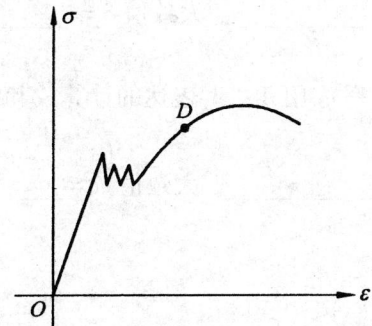

6-18　下列为低碳钢试件拉伸－变形过程简图。

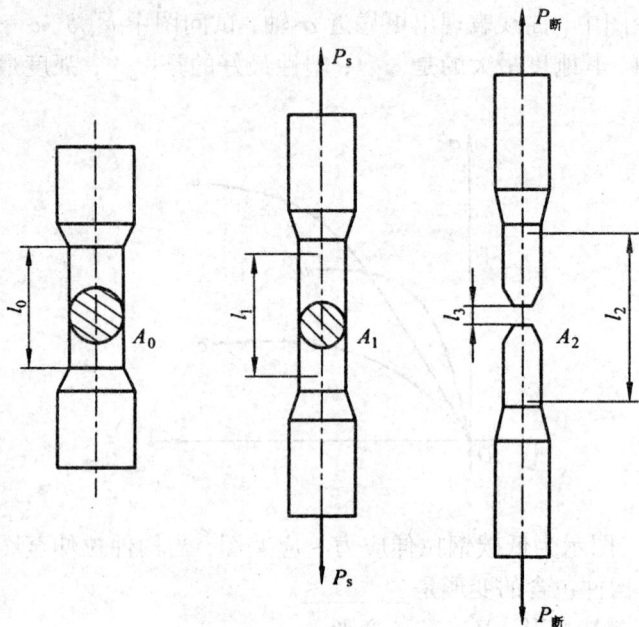

(1)写出延伸率 δ 用 l_0、l_2、l_3 表达的计算式和大致值。

计算公式 $\delta =$ _____ ，大致值 $\delta =$ _____ 。

(2)写出断面收缩率 ψ 用 A_0、A_2 表达的计算式和大致值。

计算公式 $\psi =$ _____ ，大致值 $\psi =$ _____ 。

6-19　板状拉伸试件如图示，拉伸试验时，每增加3 kN拉力，测得纵向线应变增量 $\Delta\varepsilon = 120 \times 10^{-6}$，横向应变增量 $\Delta\varepsilon' = -38 \times 10^{-6}$，求弹性模量 E 及泊松比 μ。

（答案：$E = 208$ GPa，$\mu = 0.317$）

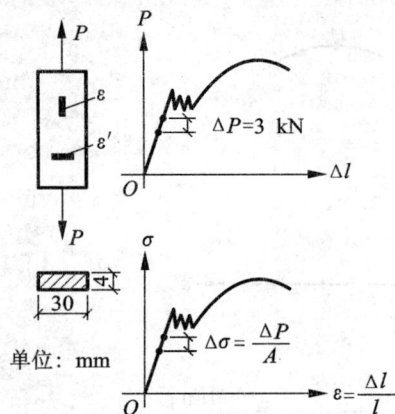

单位：mm

6－20　在下列图中标出用来求许用应力$[\sigma]$的极限应力。
（a）低碳钢拉伸应力－应变图；（b）铸铁压缩应力－应变图

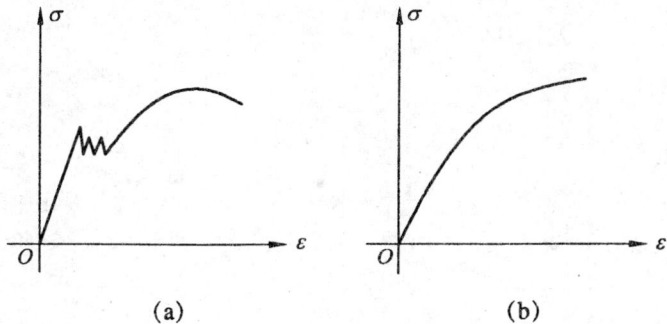

（a）　　　　　　　　（b）

6－21　拉（压）构件的强度条件为$\sigma_{max} = \dfrac{N}{A} \leqslant [\sigma]$，应进行强度

校核的截面是＿＿＿＿＿＿＿＿。

a. 轴力最大的截面

b. 面积最小的截面

c. 正应力最大的截面

6－22　由拉（压）构件的强度条件式$\sigma_{max} = \dfrac{N}{A} \leqslant [\sigma]$，可进行三

种类型的计算：

①强度校核，其式＿＿＿＿＿＿＿＿＿＿＿＿＿＿；

②设计截面，其式＿＿＿＿＿＿＿＿＿＿＿＿＿＿；

③计算许可荷载，其式＿＿＿＿＿＿＿＿＿＿＿＿。

6－23　用一钢杆$d = 10$ mm 悬挂一重物如图示，物重$W = 10$ kN，杆许用应力$[\sigma] = 170$ MPa，试校核其强度。（杆自重不计）

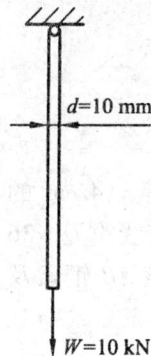

6－24　一短木柱如图示，木材许用应力$[\sigma] = 10$ MPa，决定采用方形截面，试求木柱截面尺寸a之值。

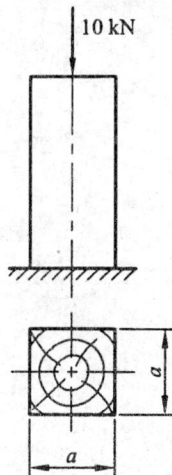

6－25　许用应力$[\sigma]$的大小值与构件＿＿＿＿＿＿有关。

a. 所受外力

b. 杆件长度

c. 材料种类

d. 截面面积大小

6－26　图示为三角形电缆线支架，AB 为截面面积等于 4 cm^2 的钢索，BC 为 $\angle 50 \times 50 \times 6$ 的角钢，B 处承担某段电缆线重 $Q = 36$ kN，索和杆的许用应力均为 $[\sigma] = 160$ MPa，试校核 AB 钢索及 BC 支杆的正应力强度。

（答案：$N_{AB} = 36$ kN，$\sigma_{AB} = 90$ MPa，$\sigma_{BC} = 89.52$ MPa）

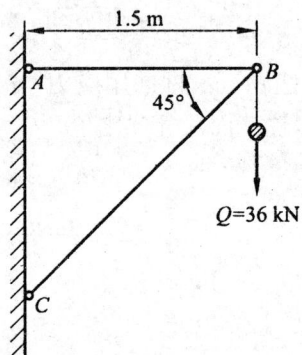

6-27　一钢筋混凝土构件重 $G=16$ kN，用钢丝绳匀速起吊如图示，索的许用应力 $[\sigma]=160$ MPa，试求钢索（BD 及 DC 段）的横截面面积 A。

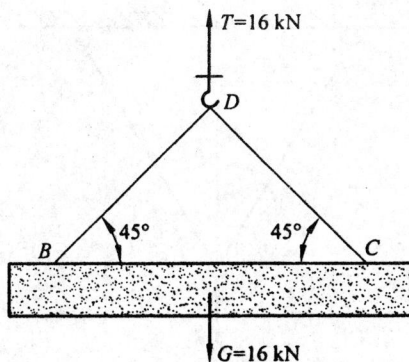

6-28　图示结构中，AC、BD 两钢圆杆，材料相同的截面直径均为 20 mm，许用应力 $[\sigma]=160$ MPa，试求 E 处荷载 P 的最大许可值。（不考虑 AB 梁自重）（提示：由 BD 杆轴力确定 P 值）

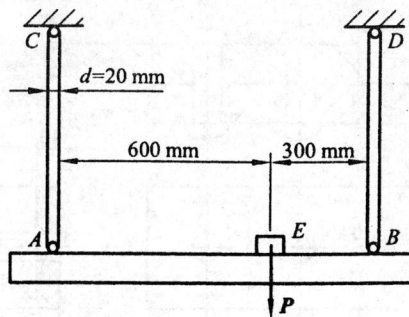

6-29　图示铆钉连接的钢板，铆钉直径 $d=16$ mm，钢板的许用应力 $[\sigma]=160$ MPa，试校核钢板的抗拉强度。

（答案：$\sigma_{max}=90.9$ MPa）

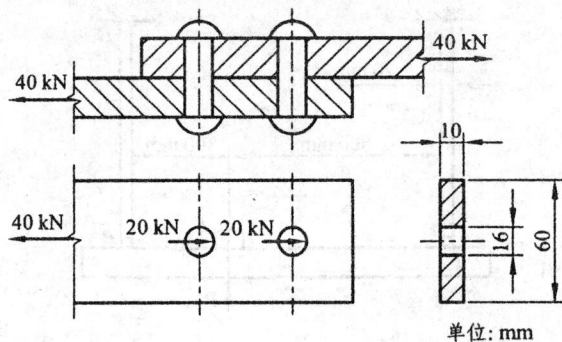

单位：mm

6-30　图示结构，AC、BC 均为钢杆，横截面面积均为 $A=200$ mm^2，许用应力 $[\sigma]=160$ MPa，求此结构的许可荷载 $[P]$。

（答案：$[P]=55.43$ kN）

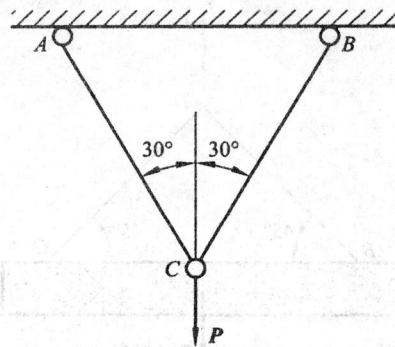

7－1 图示为三种构件的破坏形式, 它们具有剪切破坏的共同特点, 其特点是外力与破坏面＿＿＿＿＿＿。

a. 垂直

b. 平行

c. 不能判定

①

钢筋　上刀刃　下刀刃　破坏面

②

破坏面　V

③

破坏面

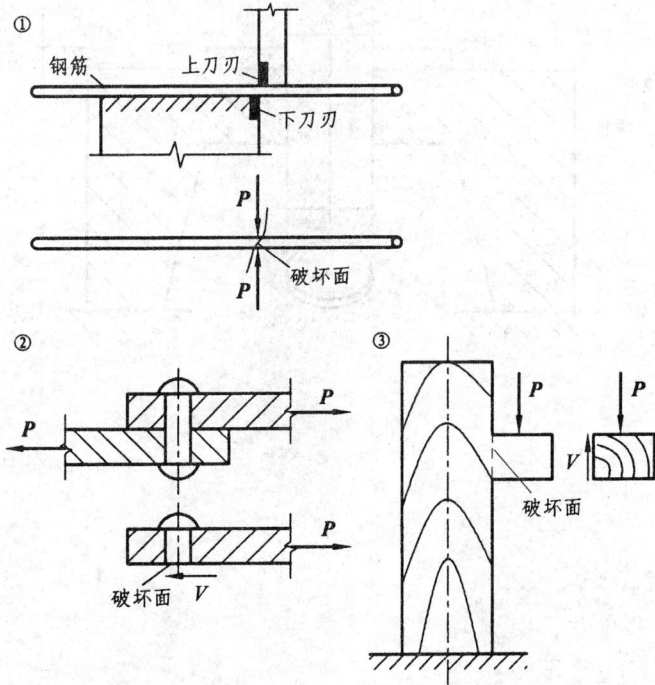

7－2 图示为螺栓穿过板的受拉示意图, 若螺栓与螺栓头产生分离破坏, 即剪切破坏, 其剪切面面积 $A_{剪}$ ＝ ＿＿＿＿＿＿。

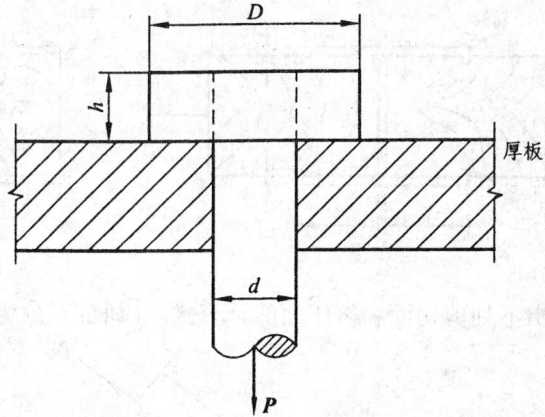

厚板

7－3 一榫接头如图示, 若由于构件产生挤压破坏, 相互搭接不住, 试写出其挤压面的计算式 A_c ＝ ＿＿＿＿＿＿。

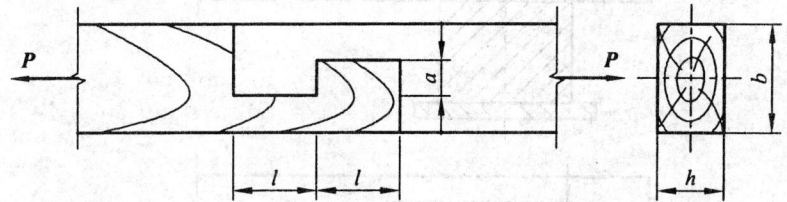

7－4　图示二木杆用钢板将其连成一整体,试写出其中左端木杆剪切面计算式 $A_剪=$ ＿＿＿＿＿,挤压面计算式 $A_挤=$ ＿＿＿＿＿。

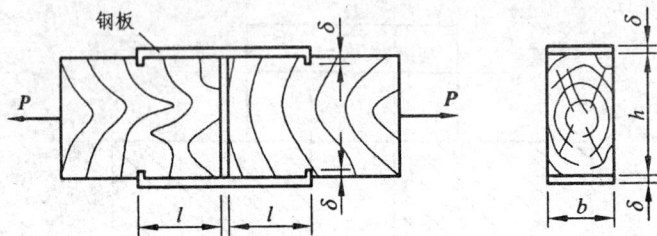

7－5　写出下列剪切面和挤压面的计算式。(研究对象为水平杆)

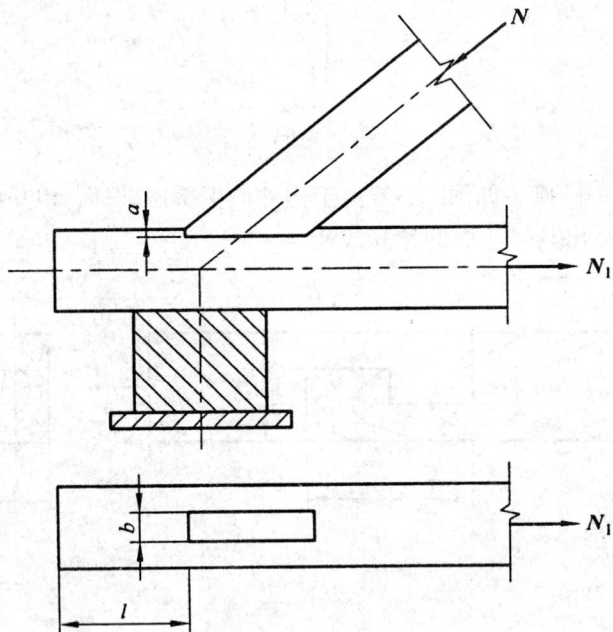

剪切面 $A_剪=$ ＿＿＿＿＿；挤压面 $A_c=$ ＿＿＿＿＿。

7－6　在厚度 $t=10$ mm 的钢板上冲一直径 $d=18$ mm 的圆孔,若钢板的剪切强度极限$\tau_b=360$ MPa,求作用在冲头上的压力 P 至少应为多大?(答案: $P_{min}=203.48$ kN)

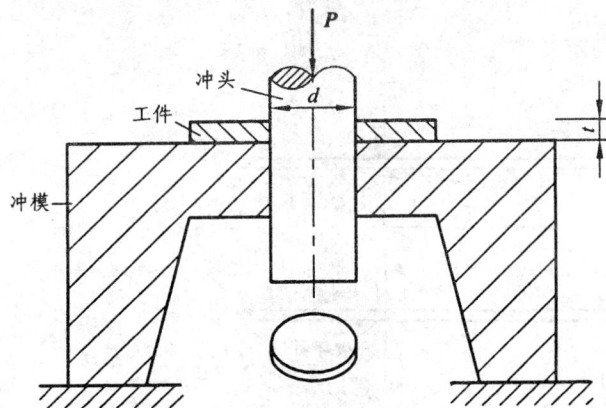

7－7 计算图示构件最大挤压应力和最大剪应力。

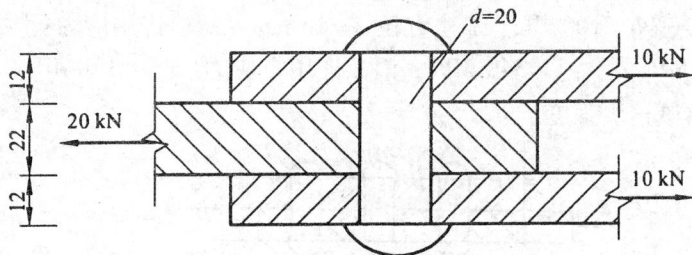

7－8 设两块钢板用一颗铆钉连接，铆钉的直径 $d = 24$ mm，每块钢板的厚度 $t = 12$ mm，接力 $P = 40$ kN，铆钉许用应力 $[\sigma_c] = 250$ MPa，$[\tau] = 100$ MPa，试对铆钉进行剪切和挤压强度校核。

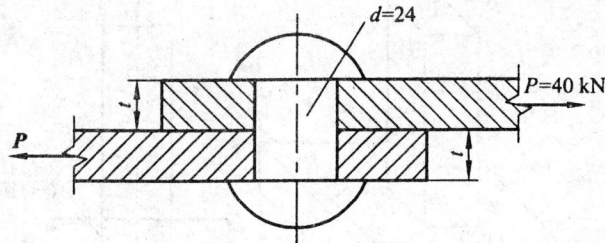

7-9　正方形截面的混凝土柱,其基底厚度为 100 mm,求柱板之间的剪应力大小值。(答案:$[\tau]$=1.2 MPa)

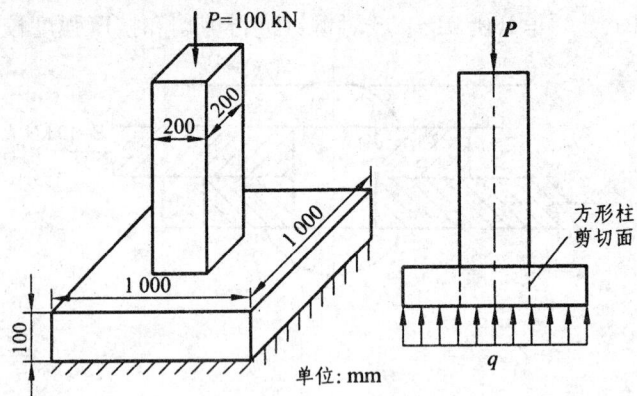

7-10　图示一普通螺栓连接头,受力 F =110 kN,钢板厚 δ =10 mm,宽 b =100 mm,螺栓直径 d =16 mm。螺栓许用应力:$[\tau]$ =145 MPa,$[\sigma_c]$ =340 MPa;钢板许用拉应力$[\sigma]$ =170 MPa。试校核该接头强度。

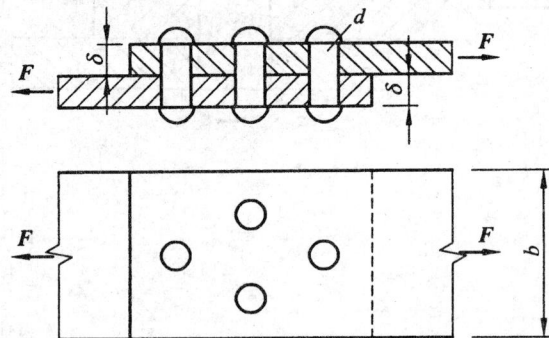

7-11　图示各轴，其中包含有扭转变形的是＿＿＿＿＿＿。

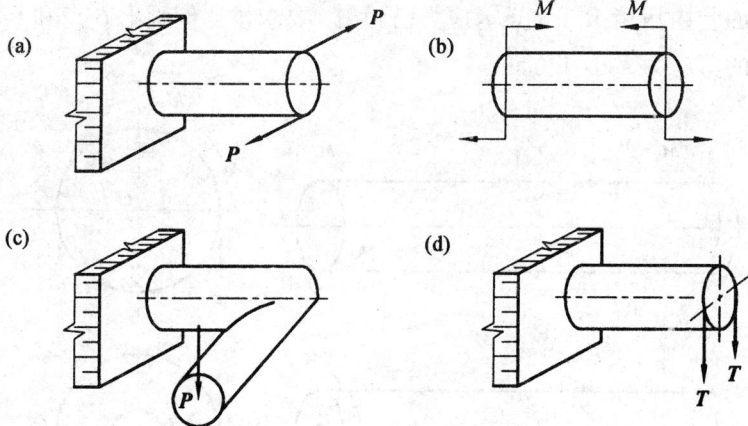

(a)

(b)

(c)

(d)

7-12　某传动轴由电机带动，电动机功率为 60 kW，转速 120 r/min。求电动机施加给转动轴的外力偶矩 M 是多少？

7-13　作图示轴的扭矩图。

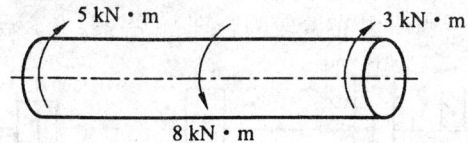

5 kN·m　　　　　　　3 kN·m

8 kN·m

7-14　三个轮的位置如图(a)、(b)所示,试画出扭矩图后,从强度观点来看,哪一种布置较为合理?(答案:b 较合理)

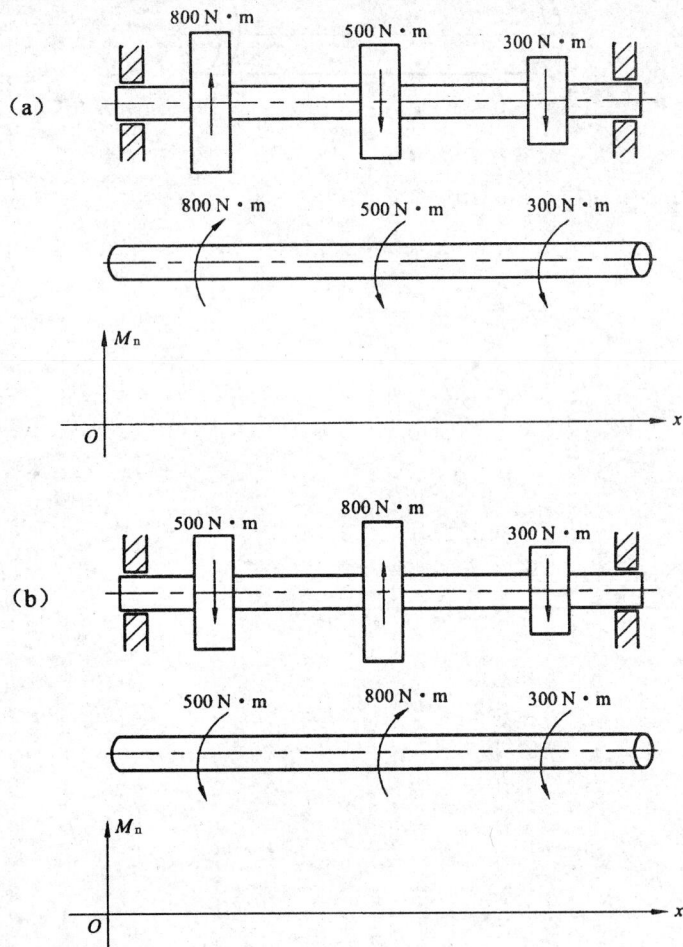

(a)

800 N·m　　500 N·m　　300 N·m

800 N·m　　500 N·m　　300 N·m

M_n

O ―――――――――――――― x

(b)

500 N·m　　800 N·m　　300 N·m

500 N·m　　800 N·m　　300 N·m

M_n

O ―――――――――――――― x

结论:

7-15　图示两圆轴,一为实心轴,另一为空心轴,二轴 I - I 截面受内扭矩 M_n,A 点剪应力已画出,要求按比例画出 B 点和 C 点的剪应力大小和方向。

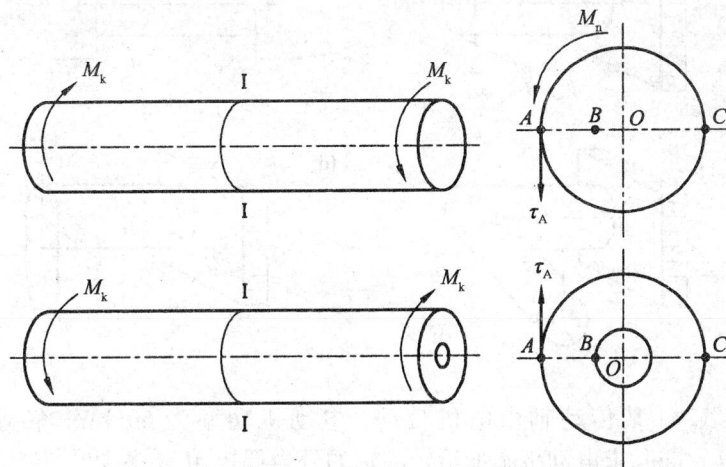

M_k　　I　　M_k

M_n

A B O C

τ_A

M_k　　I　　M_k

τ_A

A B O C

I

7-16　圆轴受扭如图,求 I - I 截面上,半径 $r = 30$ mm 处剪应力值及该截面上最大剪应力值。

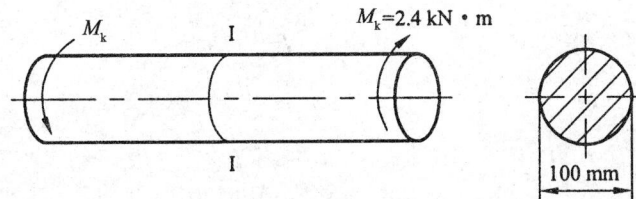

M_k　　I　　$M_k = 2.4$ kN·m

I

100 mm

7-17　一受扭空心圆轴,外径为 D,内径为 d,其抗扭截面系数 W_p 的计算式是 ＿＿＿＿＿ 。

a. $W_p = \dfrac{\pi}{16}D^3 - \dfrac{\pi}{16}d^3$

b. $W_p = \dfrac{\pi}{16}(D - d)^3$

c. $W_p = \dfrac{\pi}{16}D^3 \left[1 - \left(\dfrac{d}{D} \right)^4 \right]$

7-18　某空心圆轴,外径 $D = 40$ mm,内径 $d = 20$ mm,轴承受的力偶矩 $M = 300$ N·m,轴的许用剪应力 $[\tau] = 70$ MPa。试校核轴的强度。

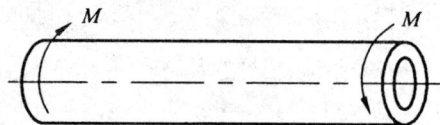

7-19　图示一传动轴,转速 $n = 300$ r/min,轮 Ⅱ 输入功率 $P_2 = 60$ kW,从动轮的输出功率 $P_1 = P_3 = 30$ kW,已知轴的许用剪应力 $[\tau] = 40$ MPa,轴直径 $d = 40$ mm,试校核其强度。

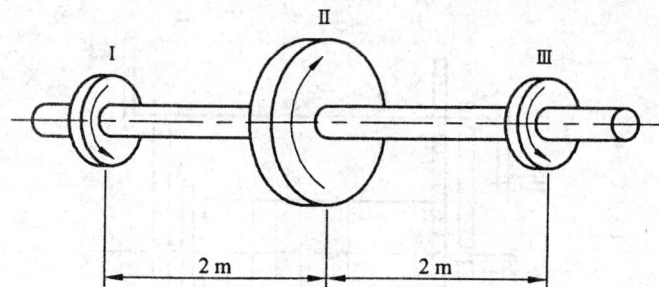

7-20　由两人同时操作的手摇绞车如图所示，绞车轴 AB 的材料许用剪应力$[\tau]=40$ MPa，若两人在手柄上沿旋转的切向作用力矩是 80 N·m，试确定轴 AB 的直径 d。（答案：$d=22$ mm）

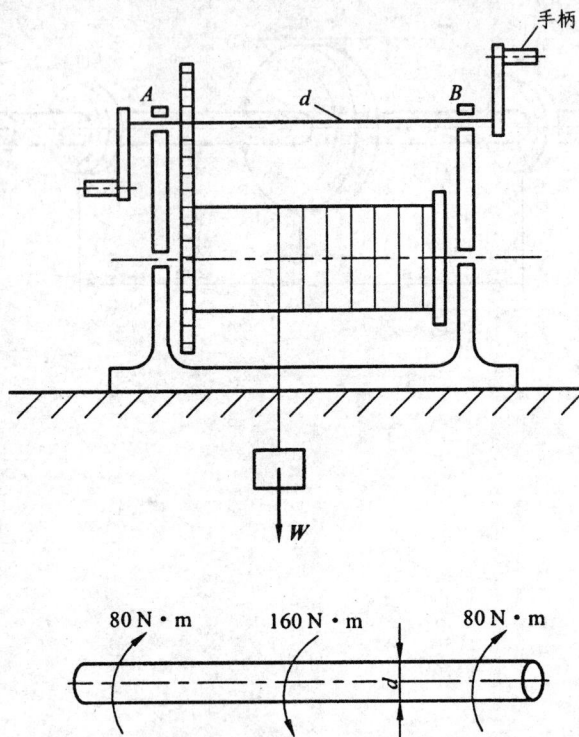

7-21　空心圆轴外径 $D=80$ mm，内径 $d=62.5$ mm，两端受扭矩 $M=1000$ N·m，求该轴横截面上剪应力的最大值 τ_{max} 和最小值 τ_{min}。（答案：$\tau_{max}=15.86$ MPa，$\tau_{min}=12.39$ MPa）

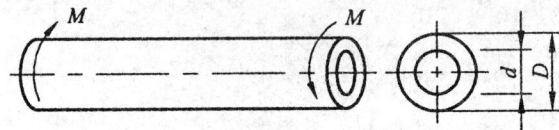

8-1　计算图示 T 形截面面积对 z 轴的静面矩, 并求形心坐标 y_C 值。

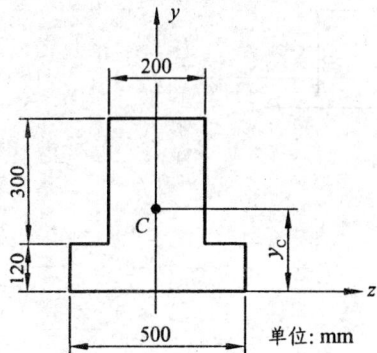

单位: mm

8-2　计算图示截面面积对 z 轴的静面矩, 并求形心坐标 y_C 值。 (答案: $S_z = 65.72 \times 10^6$ mm^3, $y_C = 315.05$ mm)

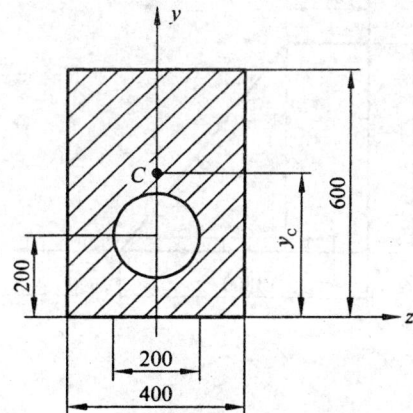

8－3　求图示梯形截面形心的坐标 z_C、y_C。

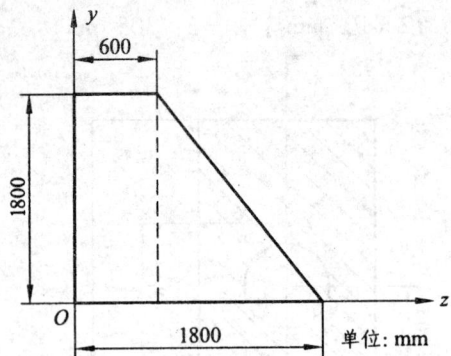

600

1800

1800

O

z

单位：mm

8－5　试计算图中阴影部分面积对 z 轴的静面矩。

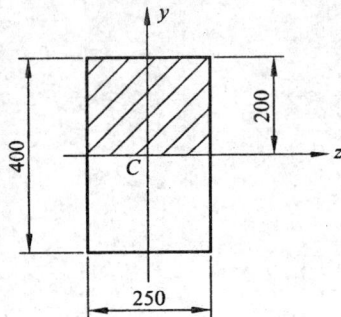

y

400

200

C

z

250

8－6　计算图示截面对 z 轴的静面矩。

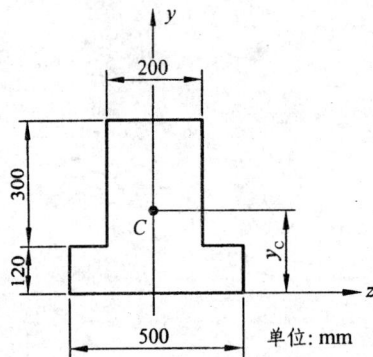

y

200

300

120

C

y_C

z

500

单位：mm

8－4　由静面矩计算公式可知，截面积对过形心轴的静面矩

＿＿＿＿＿＿。

a.恒为正　　　　b.恒为负　　　　c.恒为零

8-7　计算图示截面对形心轴 z_C 的惯性矩。

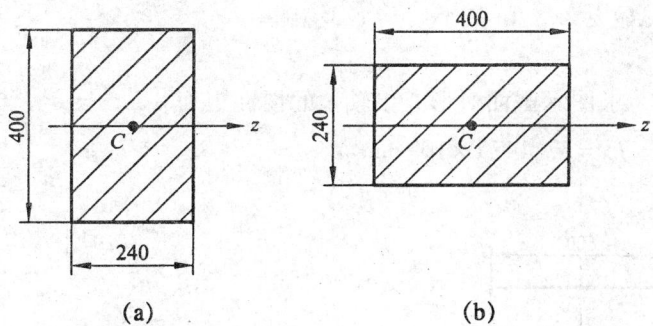

(a)　　　　　　　　　　　(b)

8-9　试计算图示截面对 z 轴和 y 轴的惯性半径 i_z 和 i_y。

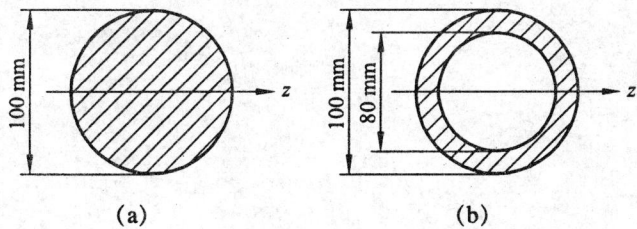

8-8　计算图示截面对形心轴 z_C 的惯性矩。

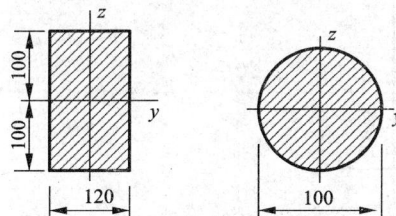

(a)　　　　　　　　　　　(b)

8 – 10　计算图示面积对 z 轴及 y 轴的惯性矩。

（答案：$I_z = 1.04 \times 10^{10}\ \text{mm}^4$）

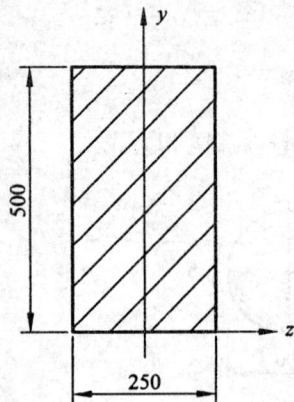

8 – 11　在一组平行轴中，截面对过形心轴的惯性矩为＿＿＿。

　　a. 最大　　　b. 最小　　　c. 均相等

8 – 12　求图示截面对形心主轴 z_0 的惯性矩 I_{z0}。

（答案：$I_{z0} = 37.1475 \times 10^8\ \text{mm}^4$）

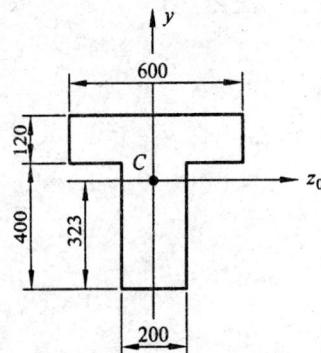

8 – 13　求图示截面的形心主惯性矩 I_z。（答案：$I_z = 56 \times 10^8$ mm^4）

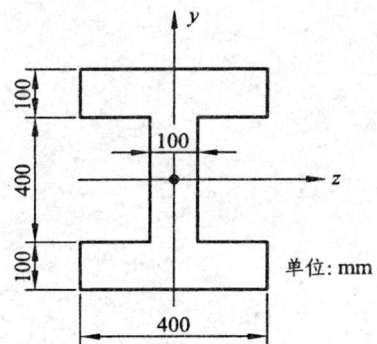

单位: mm

9-1　将梁在欲求内力的截面处截开为两段,则剪力 V 及弯矩 M 的符号规定是:(正负号填在圆圈内)

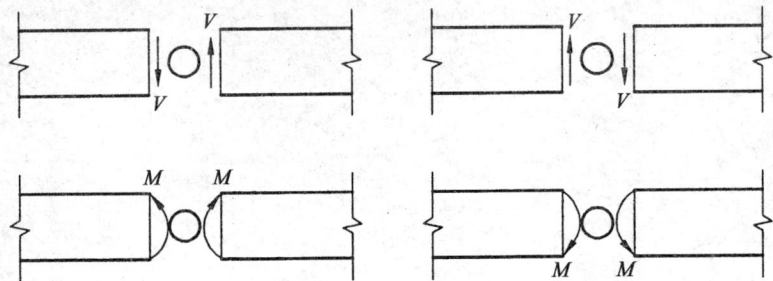

9-2　为求悬臂梁 1-1、2-2 截面的剪力 V 和弯矩 M,取分离体如图(b)和(c),试完成下列补画和计算。

(1)在图(b)1-1 截面处按 V 正方向补画 V_1,并求 V_1 和 M_1。

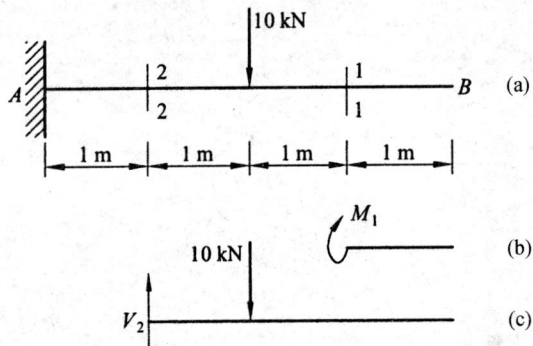

(2)在图(c)2-2 截面处按 M 正方向补画 M_2,并求 V_2 和 M_2。

9－3　为求悬臂梁 1－1、2－2 截面的剪力 V 和弯矩 M，取分离体如图（b）和（c），试完成下列补画和计算。

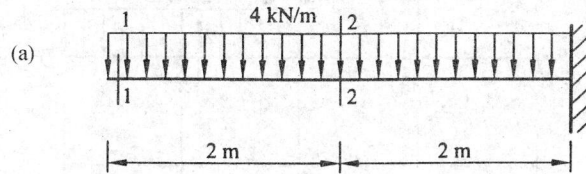

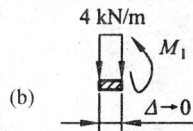

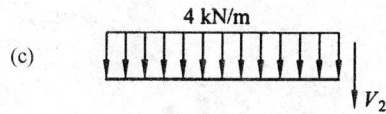

(a)

4 kN/m

1　　　　2

2 m　　　　2 m

(b)

4 kN/m

M_1

$\Delta \rightarrow 0$

(c)

4 kN/m

V_2

（1）在图（b）1－1 截面处按 V 正方向补画 V_1，并求 V_1 和 M_1。

（2）在图（c）2－2 截面处按 M 正方向补画 M_2，并求 V_2 和 M_2。

9－4　对于具有对称截面的梁，若外力作用在梁的纵向对称平面内，这种弯曲称为＿＿＿＿＿＿＿＿＿＿ 弯曲。

9－5　如果从梁中截出微段，试根据微段变形标出正负符号。（正负填入圆圈内）

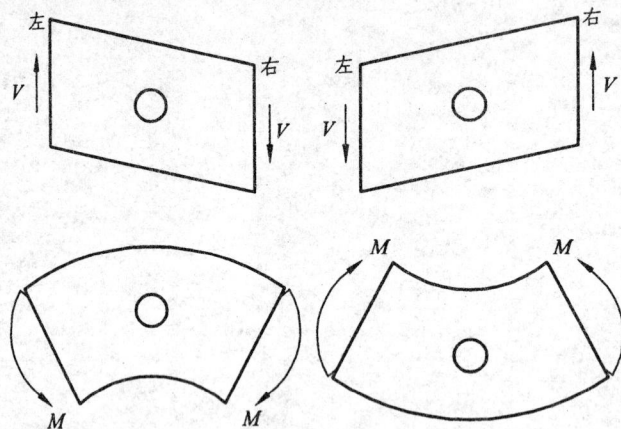

9－6　用截面法计算指定截面的剪力 V 和弯矩 M。

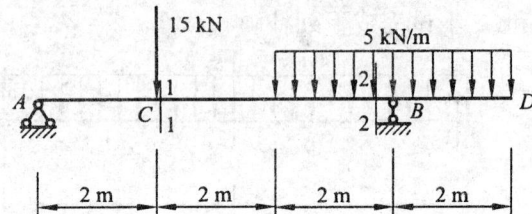

9-7　直接写出图示梁 1-1 截面剪力 V_1 值。

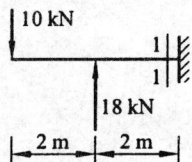

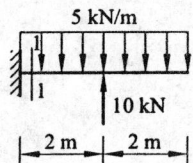

$V_1 = $ ＿＿＿＿ ＋ ＿＿＿＿ ＝

$V_1 = $ ＿＿＿＿ ＋ ＿＿＿＿ ＝

9-8　直接写出图示梁 1-1 截面 M_1 值。

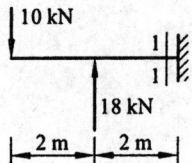

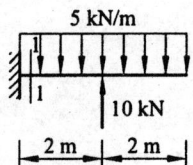

$M_1 = $ ＿＿＿ ＋ ＿＿＿ ＝

$M_1 = $ ＿＿＿ ＋ ＿＿＿ ＝

9-9　直接写出图示梁指定截面的 V 和 M 值。

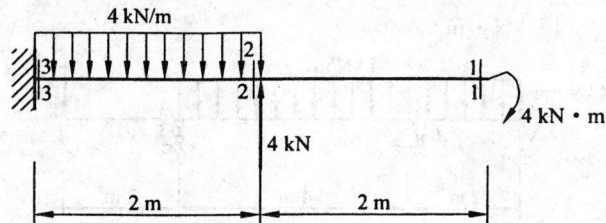

$V_1 = $ ＿＿＿＿＿＿＿

$M_1 = $ ＿＿＿＿＿＿＿

$V_2 = $ ＿＿＿＿＿＿＿

$M_2 = $ ＿＿＿＿＿＿＿

$V_3 = $ ＿＿＿＿＿＿＿

$M_3 = $ ＿＿＿＿＿＿＿

9－10 求出图示梁支反力后，直接写出图示指定截面 V 和 M 值。（$R_A = 13$ kN · m）

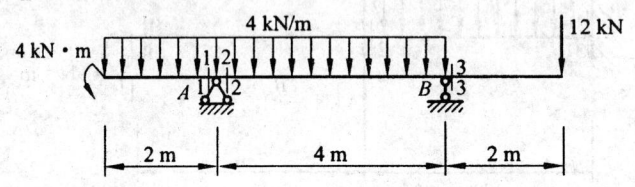

9－11　用列内力方程的方法绘图示梁 V 图和 M 图。

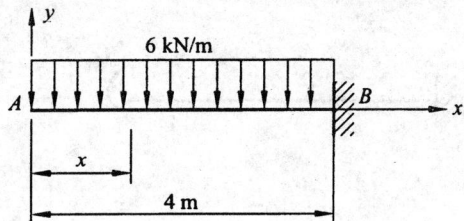

9－12　用列内力方程的方法绘图示梁剪力图和弯矩图。

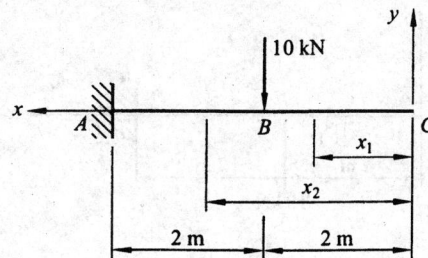

9－13　用列方程的方法绘图示梁 V 图和 M 图。

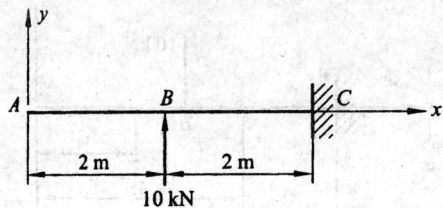

9－14　用列方程的方法绘图示梁 V 图和 M 图。

9-15　先求支反力，然后用列方程的方法绘图示梁 V 图和 M 图。

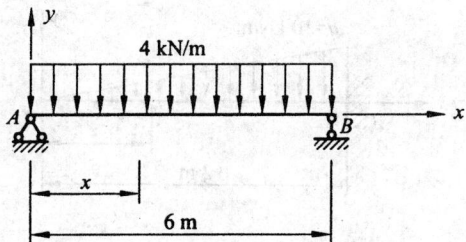

9-16　先求支座反力，然后用列方程的方法绘图示梁 V 图和 M 图。

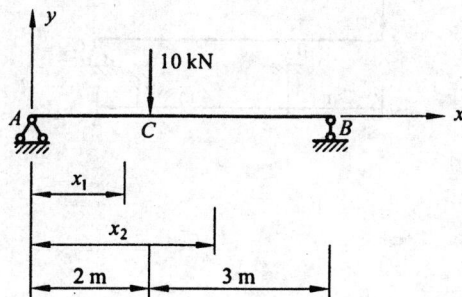

9-17　求反力后再用列方程的方法绘图示梁 V 图和 M 图。

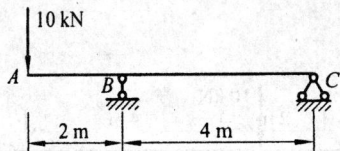

9-18　可不求支座反力，用列方程的方法绘图示梁 V 图和 M 图。［答案：$V(x) = (5/3)x^2$, $M(x) = (-5/9)x^3$］

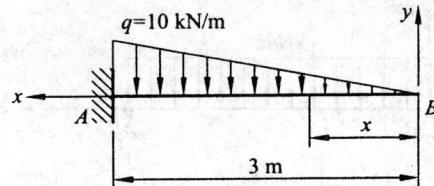

9－19　先求支反力，然后用简捷法绘图示梁 V 图和 M 图。

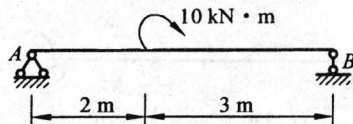

9－21　先求支反力，然后用简捷法绘图示梁 V 图和 M 图。

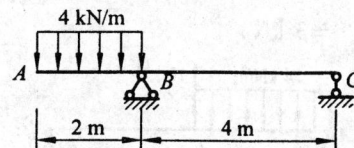

9－20　判断下列命题是否正确，对的记"√"，错的记"×"。

a.构件受弯时，其作用面垂直横截面的内力偶矩称为弯矩。
（　　）

b.土建工程中，习惯把正剪力画在 x 轴的上方，负剪力画在 x 轴的下方，而弯矩画在梁的受压一侧。（　　）

9－22　先求支座反力，然后用简捷法绘图示梁 V 图和 M 图，并求极值。（答案：$V_C^{左}=3$ kN）

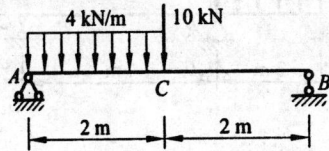

9－23　先求支座反力，然后用简捷法绘图示梁 V 图和 M 图。

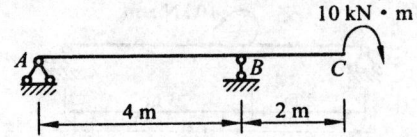

9－24　用简捷法绘图示梁 V 图和 M 图。

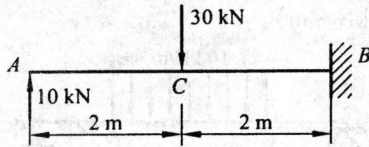

30 kN

A　　　　　　　　B

10 kN

C

2 m　　2 m

9－25　先求支座反力，然后用简捷法绘图示梁 V 图和 M 图。并求极值。

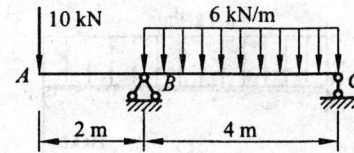

10 kN　　　6 kN/m

A　　　B　　　　C

2 m　　4 m

9-26　用简捷法绘图示梁 V 图和 M 图。

（答案：$M_A = 8$ kN · m）

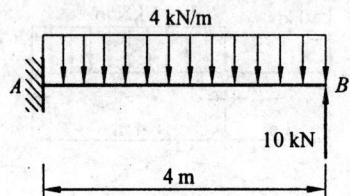

9-27　先求支座反力，然后用简捷法绘图示梁 V 图和 M 图。

（答案：$M_{max} = 15$ kN · m）

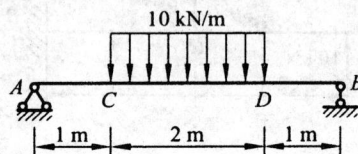

9－28　不求支座反力，用叠加法作图示梁 M 图。

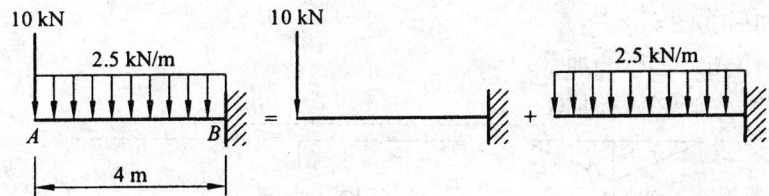

9－30　不求支座反力，用叠加法作图示梁 M 图。

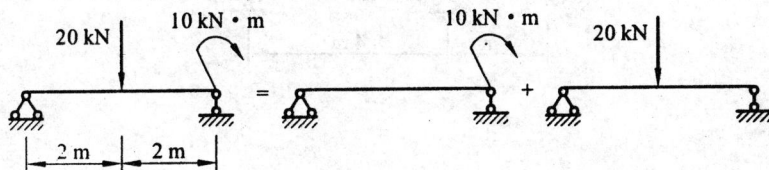

9－29　不求支座反力，用叠加法作图示梁 M 图。

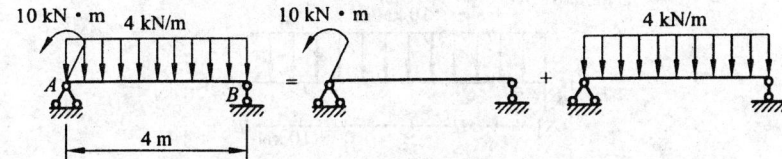

9-31　先求控制截面弯矩，然后用区段叠加法作 M 图。

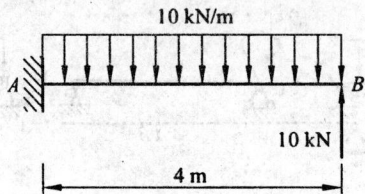

9-32　判断下列 M 图的叠加过程正确的是＿＿＿＿＿；然后画出叠加后③图。
(1)先画①后叠加②
(2)先画②后叠加①

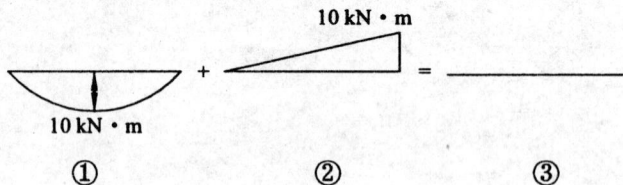

9-33　判断下列 M 图的叠加过程正确的是＿＿＿＿＿；然后画出叠加后③图。
(1)先画①后叠加②
(2)先画②后叠加①

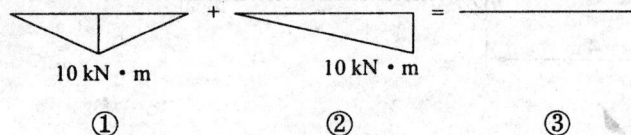

9-34　先求控制截面弯矩值，然后用区段叠加法作 M 图。(答案：$V_{B}^{右}=10$ kN)

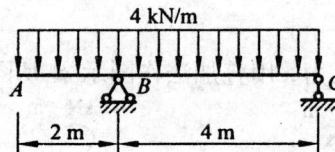

9 - 35　先求控制截面弯矩值,然后用区段叠加法作 M 图。(答案:$M_B = 36$ kN·m)

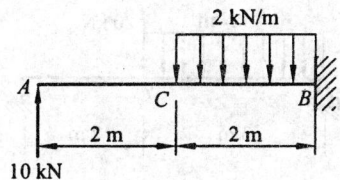

9 - 36　先求控制截面弯矩值,然后用区段叠加法作 M 图。

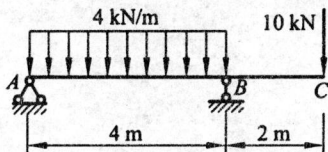

9 - 37　先求控制截面弯矩值,然后用区段叠加作 M 图。
(答案:$V_B^{左} = -18.5$ kN)

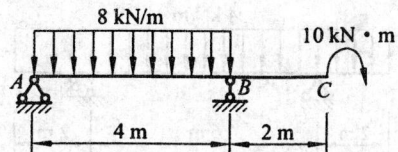

9 - 38　先求控制截面弯矩值,然后用叠加法作 M 图。
(答案:$M_A = -20$ kN·m)

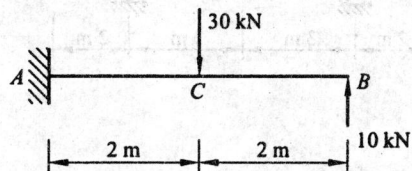

9-39 先求控制截面弯矩值，然后用叠加法作 M 图。($M_{中}=10$ kN·m）

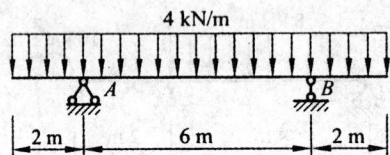

9-40 先求控制截面弯矩值，然后用（区段）叠加法作 M 图。（答案：$M_{中}=10$ kN·m）

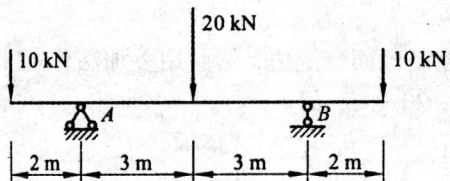

9-41 先求支反力、控制截面弯矩值，然后用（区段）叠加法作 M 图。（答案：$V_C^{左}=4.4$ kN）

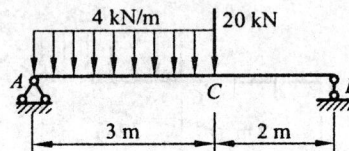

9－42　横截面上内力弯矩 M 是由＿＿＿＿种应力分布形式组成的。

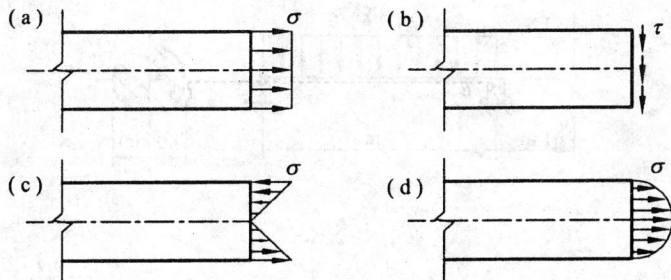

(a)

(b)

(c)

(d)

9－43　下列关于中性层和中性轴的说法不正确的是＿＿＿。中性轴上的正应力 $\sigma =$ ＿＿＿。

a. 中性层是梁中既不伸长也不缩短的一层纤维

b. 中性轴就是中性层

c. 中性层与横截面的交线即为中性轴

9－44　试计算图示梁跨中截面上 a、b 两点的正应力。

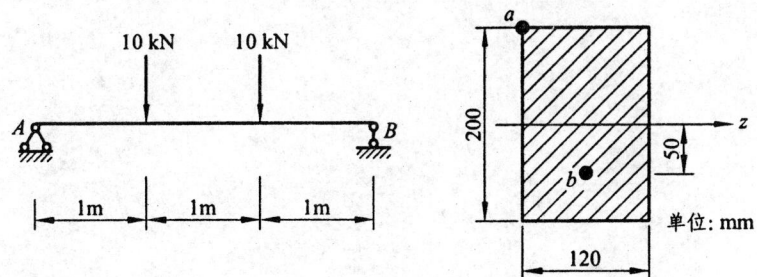

9-45　计算图示 T 形截面梁的最大拉应力及其所在截面位置。
（答案：$y_C = 439$ mm，$I_{z_0} = 107.5 \times 10^8$ mm^4）

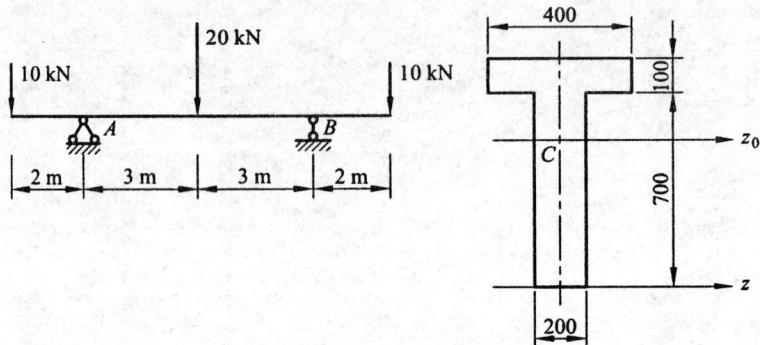

9-46　圆形截面木梁，受荷情况及截面尺寸如图示。试计算此梁的最大正应力。

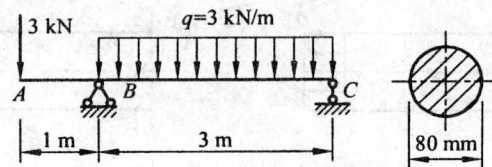

9－47　计算图示梁最大剪应力，并作最大剪应力所在的截面剪应力分布图。

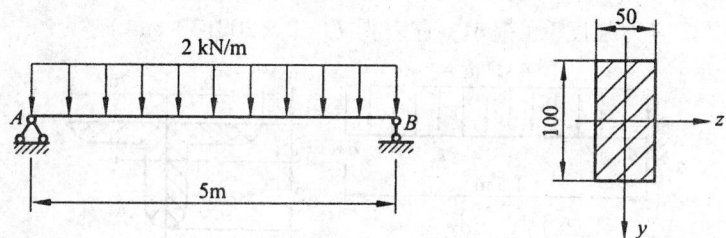

9－48　计算图示梁最大剪应力，并说明最大剪应力发生在截面上什么部位。

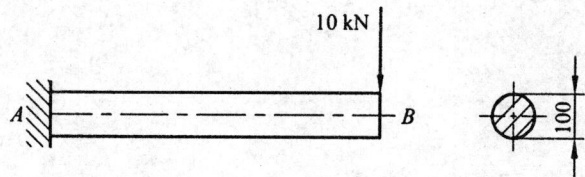

9－49　某 T 形截面梁，受荷及尺寸如图示，已知 $I_z = 136$ cm^4，试求最大剪力截面上 k 点处剪应力 τ_k。

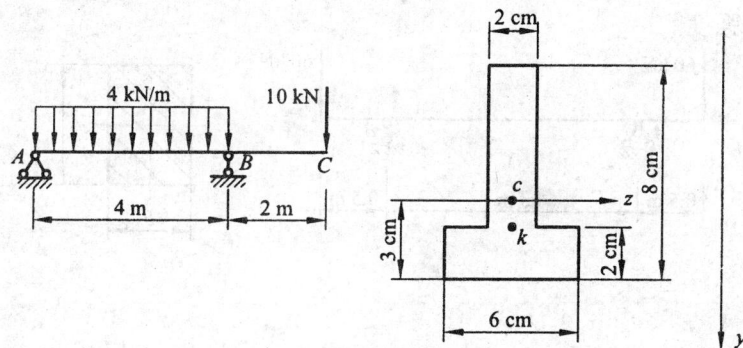

9－50　木梁受荷及支承情况如图示,材料的许用应力$[\sigma]=10$ MPa,梁选用矩形截面,$h=300$ mm,$b=200$ mm,试校核其正应力强度。

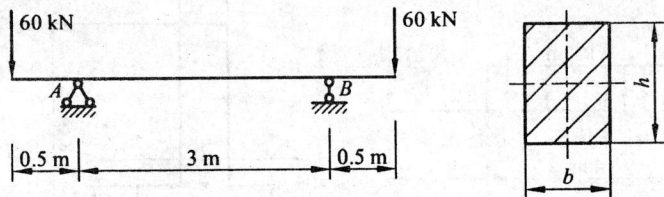

9－51　某车站仓库,为了方便货物装卸,现设计一悬臂支架平台,由两根$\angle 110\times 70\times 10$角钢组成,材料$[\sigma]=160$ MPa,试校核梁正应力强度。(提示:查表得$I_z=2\times 208.39$ cm^4)

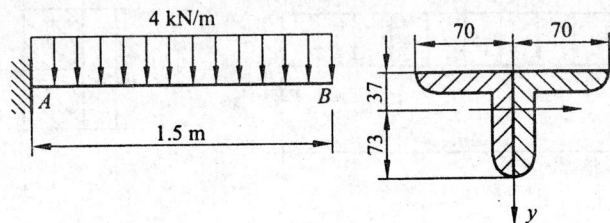

9-52　一圆形截面简支木梁如图,材料弯曲许用应力$[\sigma]=10$ MPa,试设计梁直径 d。

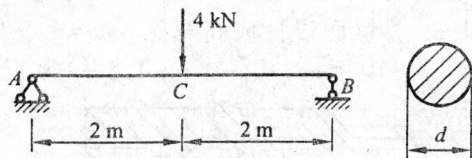

9-53　某倒 T 形截面梁,受荷载如图示,材料许用应力$[\sigma]_拉=45$ MPa,$[\sigma]_压=175$ MPa,试校核该梁的强度。(答案之一: $I_z=573$ cm^4)

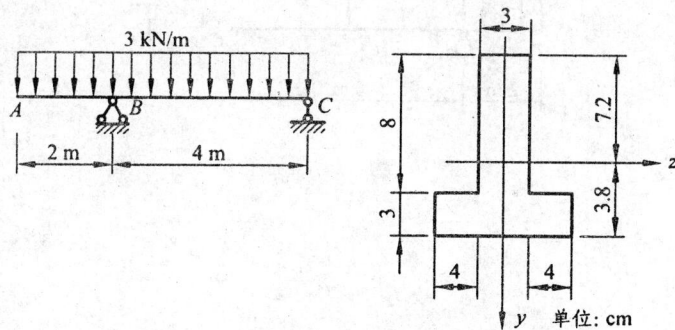

9－54　某工字钢外伸梁受荷情况如图所示。已知材料的许用应力$[\sigma]=170$ MPa，试按正应力强度选择工字钢型号。

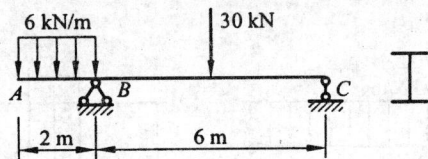

9－55　某园林建筑中的木结构楼板如图，支承在墙上的木格栅承受由楼板传来的荷载，若楼板上的均布面荷载$q'=2.6$ kN/m^2，木材$[\sigma]=12$ MPa，将截面设计成高宽比$h/b=1.5$的矩形截面，求h和b之值。（其中$q=q'\cdot a=2.6\times1.5=3.9$ kN/m）

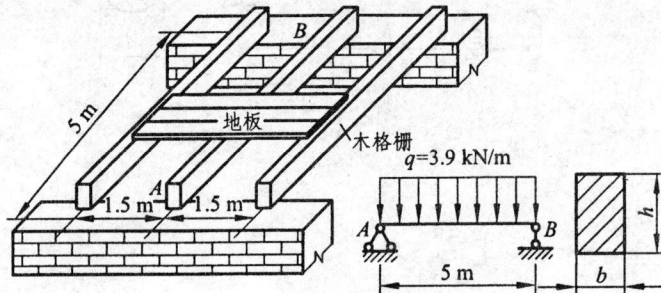

9 - 56　图示为用钢管搭成的脚手架，其水平杆外径为 48 mm，
内径为 41 mm，许用应力 $[\sigma] = 160$ MPa，试完成下列作图和计
算。

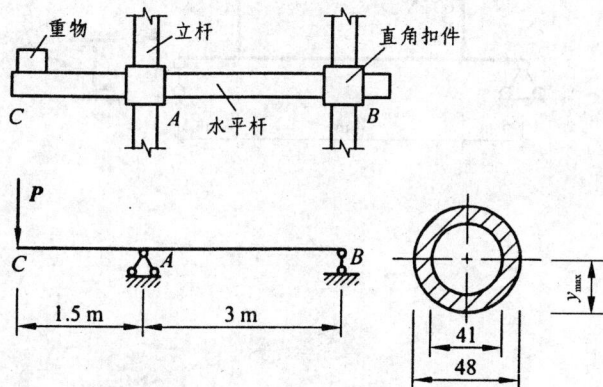

（1）画水平梁弯矩图

（2）如下公式计算抗弯截面模量 W_z。

$W_z = I_z/y_{max} = $ ＿＿＿＿＿＿＿＿＿＿＿＿＿＿＿＿＿＿＿

（3）由正应力强度确定水平杆 C 端能承受的最大荷载 P_{max}。

9-57 图示为铁路枕木受荷示意图，车轮传至钢轨的力再经过钢轨作用于枕木上，引起路基均布支承反力 q，已知木材 $[\sigma]=$ 12 MPa，求枕木能承受的路基均布支反力分布荷载 $[q]$ 值。（答案：$[q]=102.4$ kN/m）

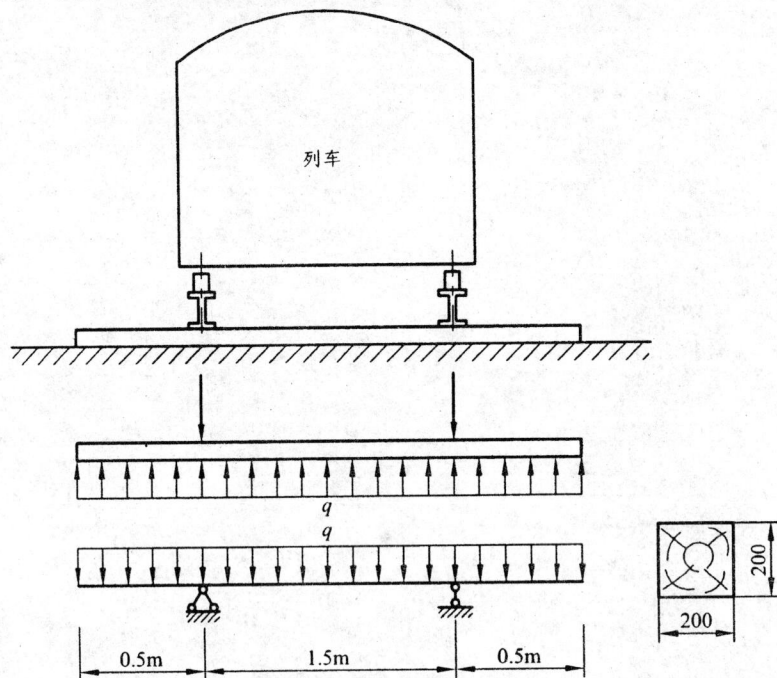

9-58 一简支工字型钢梁，工字钢的型号为28a，钢材许用应力 $[\sigma]=170$ MPa，$[\tau]=100$ MPa，试校核梁的强度。

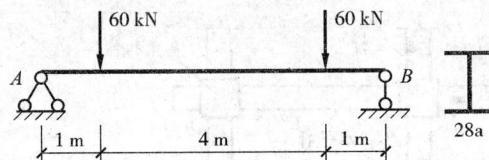

9-59　木梁受荷及支承情况如图示,材料的许用应力$[\sigma]=12$ MPa,$[\tau]=2$ MPa,梁选用矩形截面,$h=1.5b$,试确定截面高 h 及宽 b 的尺寸。

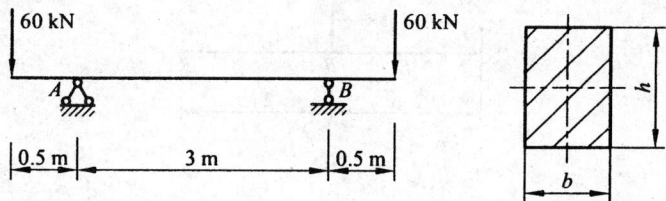

9-60　某简支梁如图,若其横截面采用面积相同的正方形、矩形、圆形和工字形四种形状,则其承载能力最大的是＿＿＿＿＿。

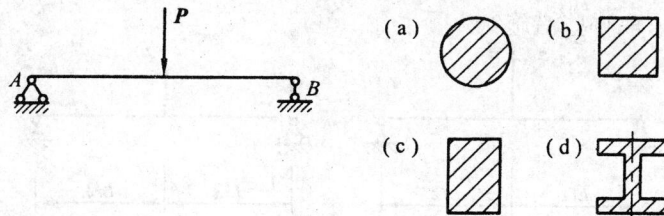

9-61　图示矩形截面木梁,立放时,截面图如(a);平放时,截面图如(b)。设立放时最大正应力为 σ'_{max},平放时最大正应力为 σ''_{max},试计算平放时与立放时最大正应力之比。

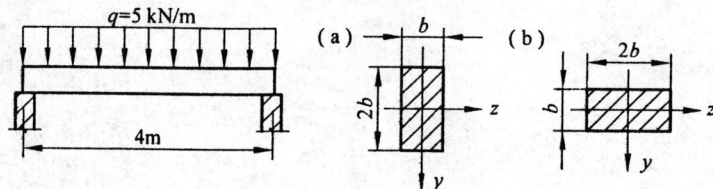

解: $\dfrac{\sigma''_{max}}{\sigma''_{max}}=\dfrac{\sigma_{\text{平·max}}}{\sigma_{\text{立max}}}=$

9－62　两根梁，一根为铸铁梁，另一根为钢梁，二者受力情况、跨度、横截面完全相同，若要使铸铁梁与钢梁同时破坏，对铸铁梁可采取哪些措施？

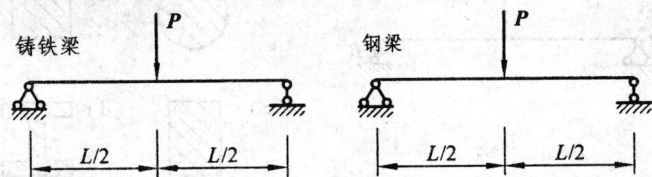

铸铁梁

钢梁

9－63　先画出挠曲线，再用查表法求图示梁挠度 y_C。（EI = 常数）

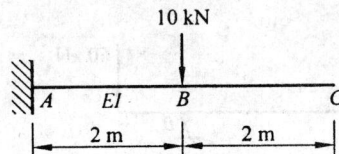

10 kN

A　EI　B　C

2 m　2 m

9－64　用叠加法求图示梁 θ_A 和 y_A。（EI = 常数）

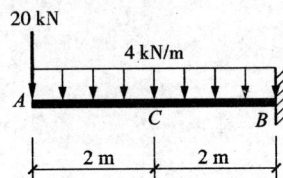

20 kN

4 kN/m

A　　C　　B

2 m　2 m

9-65　圆截面松木檩条，直径 $d = 150$ mm，$E = 10 \times 10^3$ MPa，许用相对挠度 $\left[\dfrac{f}{l}\right] = \dfrac{1}{200}$，试校核其刚度。

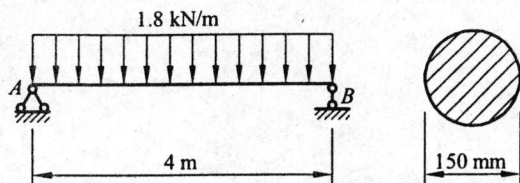

1.8 kN/m

A　　　　　　B

4 m

150 mm

9-66　用叠加法求图示外伸梁 D 截面的挠度 y_D。（EI = 常数）

（答案：$y_D = \dfrac{5ql^4}{384EI}$）

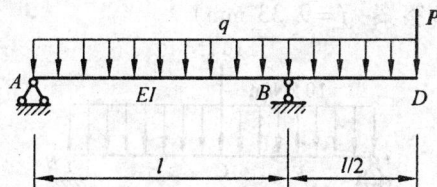

q　　　　　　P

A　　EI　　B　　D

l　　$l/2$

9-67　简述减小梁的变形有哪些措施。

9－68　简支工字钢梁受载如图示，若选用 20b 工字钢，$E=200$ GPa，I_z 值由表查工字钢可得，现已知梁许用挠度 $[\dfrac{f}{l}]=\dfrac{1}{400}$，试校核其刚度。（答案：$f=9.33$ mm）

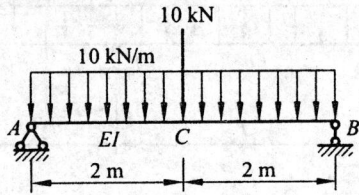

10-1　两构件受力分别如图(a)、(b)所示,图(a)中 C 点应力状态为＿＿＿＿＿,图(b)中 C 点应力状态为＿＿＿＿。

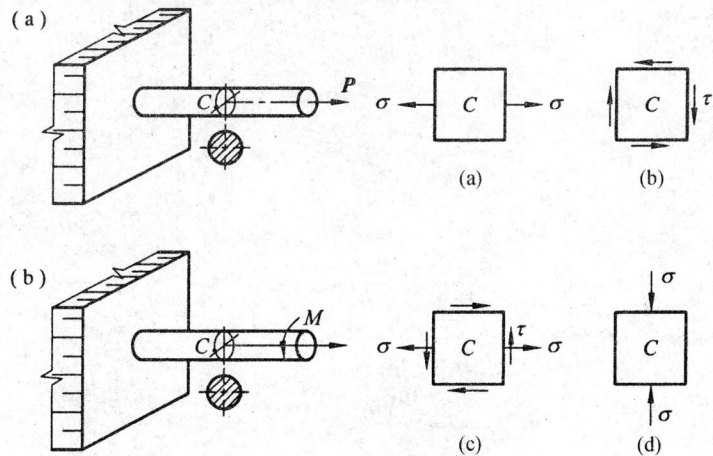

(a)

(b)

10-2　矩形横截面简支梁受力如图示,从Ⅰ-Ⅰ截面上 K 点取单元体,其应力状态应为＿＿＿＿＿＿。

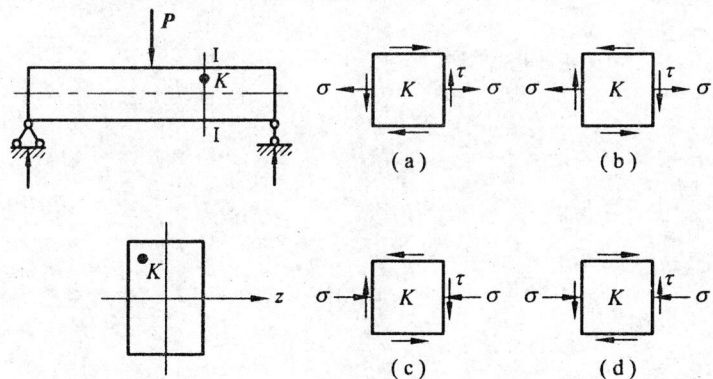

10-3　图示为矩形截面梁,试截取Ⅰ-Ⅰ截面 C 点处的应力单元体,并计算应力值。

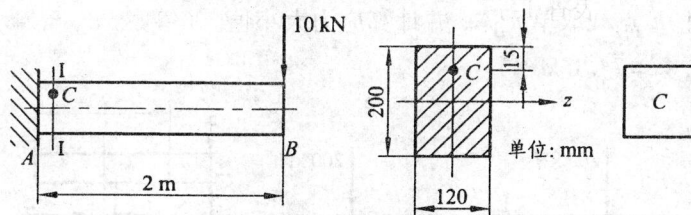

10 - 4 某加工车间,有一工字形截面吊车梁,由三块钢板焊接而成,以满足大型工程中构件加工或构件移位的需要,试从截面 $D_{左}$ 上 E 点截取单元体,并计算应力大小值。(答案: $\sigma_E = 149.5$ MPa, $\tau_z = 74.1$ MPa)

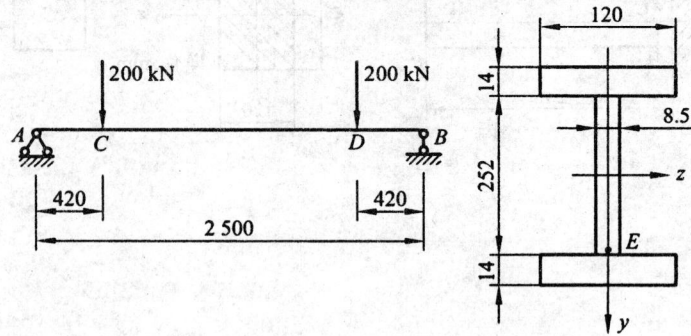

10 - 5　木梁受载如图示,构件轴线方向与木纹约成 30°角,已求得 a、b 两点的应力单元体如图示,试求此两点沿木纹方向的剪应力及垂直于木纹方向的正应力。(提示:需求的剪应力和正应力所在截面 $\alpha = -60°$)

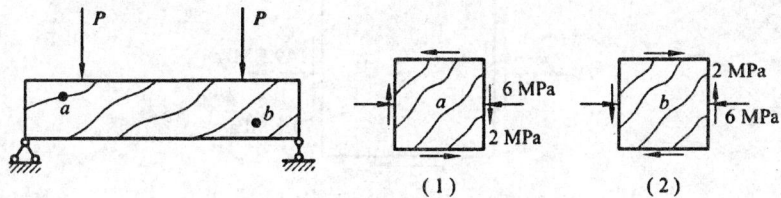

(1)　　　(2)

10 - 6　从受力构件内取出的应力单元体如图示,试求 $\alpha = 22.5°$ 的斜截面上的应力,并注明在单元体上。

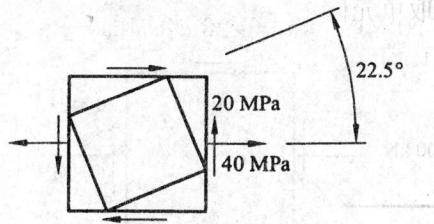

10-7　已知一点处的应力单元体如图示,试用应力圆法求 $\alpha_1 =$ 45°和 $\alpha_2 = 22.5°$斜截面上的应力。(答案: $\sigma_{\alpha 1} = 0$, $\tau_{\alpha 1} = -20$ MPa; $\sigma_{\alpha 2} = -20$ MPa, $\tau_{\alpha 2} = -28.28$ MPa)

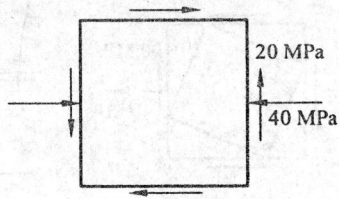

20 MPa
40 MPa

10-8　已知一点处的应力单元体如图示,试用应力圆法求 $\alpha_1 =$ 45°和 $\alpha_2 = -67.5°$斜截面上的应力。(答案: $\sigma_{\alpha 1} = 148.85$, $\tau_{\alpha 1} = -74.75$ MPa; $\sigma_{\alpha 2} = 74.75$ MPa, $\tau_{\alpha 2} = -105.24$ MPa)

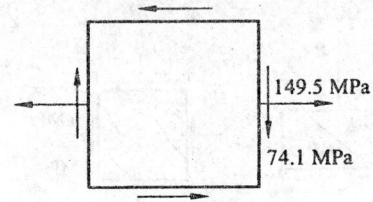

149.5 MPa
74.1 MPa

10-9　对于脆性材料,在＿＿＿＿＿＿＿＿＿＿＿＿＿＿情况下,采用第一强度理论 $\sigma_1 \leqslant [\sigma]$ 较为合适;在＿＿＿＿＿＿＿＿＿＿＿＿＿＿＿＿＿＿情况下,采用第二强度理论 $\sigma_1 - \mu(\sigma_2 + \sigma_3) \leqslant [\sigma]$ 较为合适。

10-10　求图示应力单元体的主应力及方位角,然后用第一强度理论解释粉笔受扭沿 $45°$ 斜截面破坏的现象。

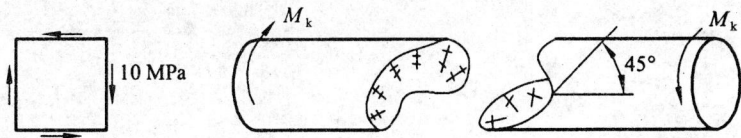

10-11　求图示应力单元体的主应力及方位角,然后再用第一强度理论解释混凝土梁左段裂纹斜倾的现象。

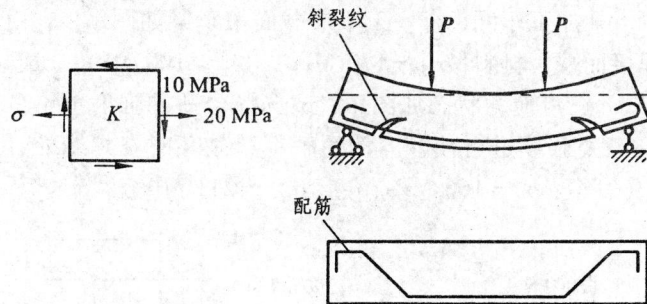

10-12　主平面上剪应力 $\tau =$＿＿＿＿＿,正应力 σ 为＿＿＿＿＿。

10-13　第三强度理论考虑了＿＿＿＿＿＿个应力的影响。

10-14　某加工车间，有一工字形截面吊车梁如图示，它由三块钢板焊接而成，材料 $[\sigma]=170$ MPa，$[\tau]=100$ MPa，现已截取得 a、b、c 三点应力状态如图示，试选择合适的强度理论分别对 a、b、c 三点强度进行校核。然后解释梁破坏时在焊缝处开裂的现象。（答案：$\sigma_a=166$ MPa，c 点 $\sigma_{xd3}=211$ MPa）

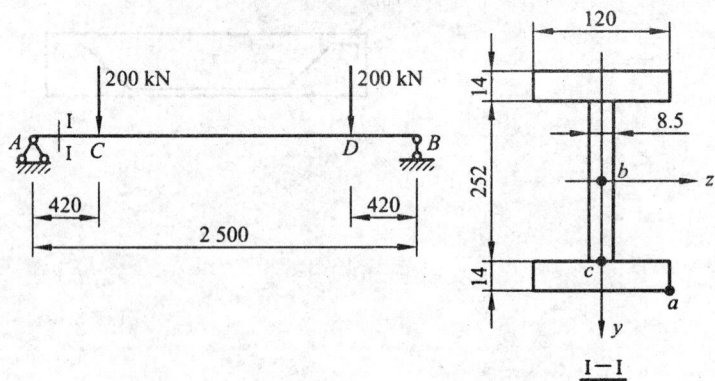

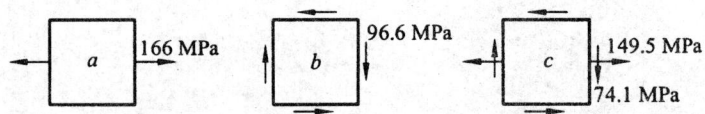

11-1 分别判断下列结构中，BC 段各发生哪些变形？

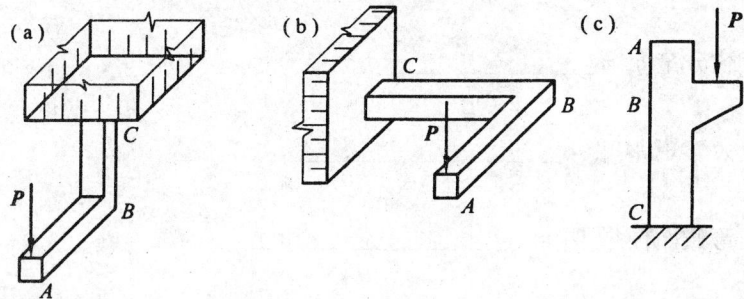

(a) BC 段＿＿＿＿＿＿＿＿＿＿＿＿＿＿＿＿＿＿＿＿＿

(b) BC 段＿＿＿＿＿＿＿＿＿＿＿＿＿＿＿＿＿＿＿＿＿

(c) BC 段＿＿＿＿＿＿＿＿＿＿＿＿＿＿＿＿＿＿＿＿＿

11-2 悬臂木梁受力如图示，矩形截面 $b \times h = 90 \text{ mm} \times 180$ mm。试完成下列填空和计算。

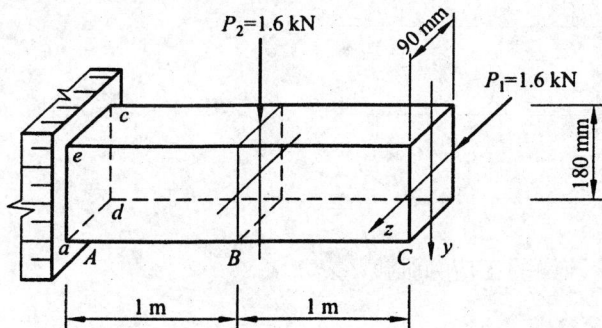

(1) P_1 引起的弯曲以＿＿＿轴为中性轴。

　　P_2 引起的弯曲以＿＿＿轴为中性轴。

　　危险截面上的弯矩 $M_z = $ ＿＿＿＿＿＿＿＿＿＿＿

　　　　　　　　$M_y = $ ＿＿＿＿＿＿＿＿＿＿＿

(2) 危险截面 A 上的危险点是下列＿＿＿＿＿点。

　　a 点　　　e 点　　　c 点　　　d 点

(3) 计算危险截面上最大拉应力。

11-3 图示倾斜放置的工字形截面梁，试完成下列填空。

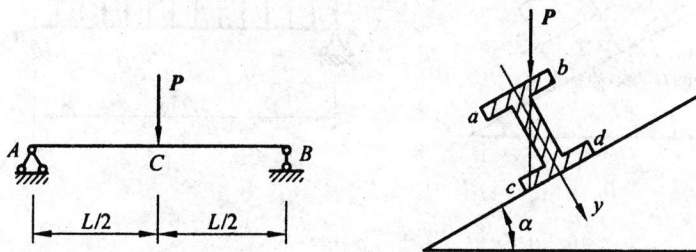

(1) 计算其危险截面上的弯矩 M_z 和 M_y。

$M_z = $ ＿＿＿＿＿＿＿＿＿＿＿＿＿＿＿＿

$M_y = $ ＿＿＿＿＿＿＿＿＿＿＿＿＿＿＿＿

(2) 危险截面上的危险点是下列中＿＿＿＿＿点。

　　a 点　　　b 点　　　c 点　　　d 点

11-4　屋面檩条简支如图示,承受由屋面传来的竖向均布荷载,屋面的倾角 $\phi = 20°$,材料许用应力 $[\sigma] = 10$ MPa,试完成下列填空和计算。

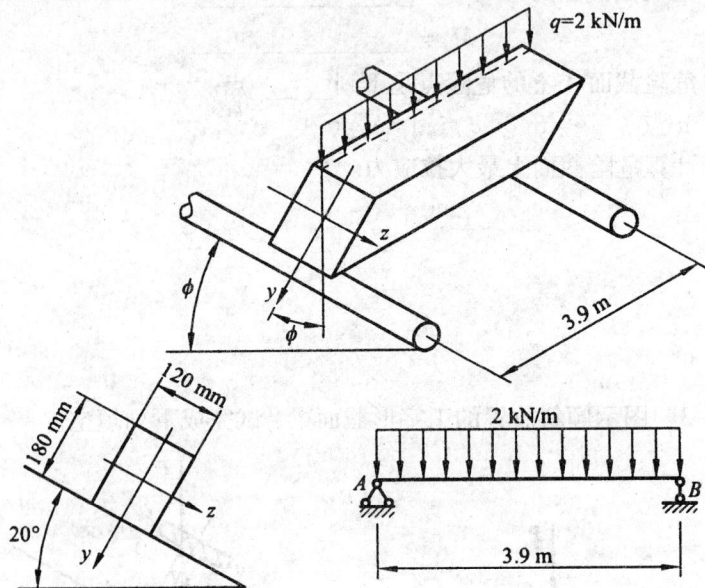

(1)计算引起以 z 为中性轴弯曲的

荷载分量 $q_y =$ ＿＿＿＿＿＿＿＿＿＿＿＿＿＿＿

最大弯矩 $M_{z\max} =$ ＿＿＿＿＿＿＿＿＿＿＿＿

抗弯截面模量 $W_z =$ ＿＿＿＿＿＿＿＿＿＿＿

危险截面上的最大正应力

$\sigma_{z\max} =$ ＿＿＿＿＿＿＿＿＿＿＿＿＿＿＿

(2)计算以 y 为中性轴弯曲危险截面上的最大正应力

$\sigma_{y\max} =$ ＿＿＿＿＿＿＿＿＿＿＿＿＿＿＿

＿＿＿＿＿＿＿＿＿＿＿＿＿＿＿

＿＿＿＿＿＿＿＿＿＿＿＿＿＿＿

(3)校核该梁的正应力强度。

11 - 5　悬臂梁受荷载如图示，用叠加原理求其危险截面应力。

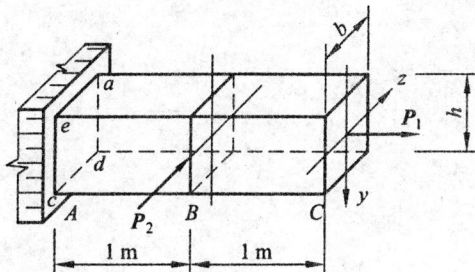

问：（1）P_1 引起的变形属（哪种）＿＿＿＿＿＿变形。

　　（2）P_2 引起的弯曲以＿＿轴为中性轴，$W =$ ＿＿＿＿＿＿。

11 - 6　一松木矩形截面短柱，$P_1 = 50$ kN 作用在轴心轴上，$P_2 = 10$ kN 作用线平行于 y 轴，材料许用压应力 $[\sigma]_y = 12$ MPa，许用拉应力 $[\sigma]_l = 10$ MPa。试完成以下填空和计算。

(1) P_2 引起的弯曲以＿＿轴为中性轴。

　　$W =$ ＿＿＿＿＿＿＿＿＿＿

(2) 计算危险截面上内力。

　　$N =$ ＿＿＿＿＿＿＿＿＿＿

　　$M_z =$ ＿＿＿＿＿＿＿＿＿＿

(3) 校核该柱正应力强度。

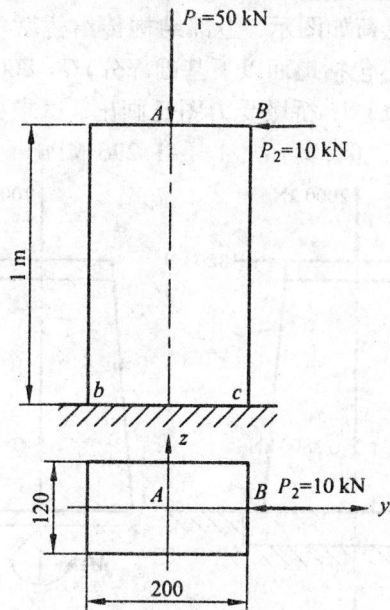

11－7　一桥墩受荷如图示，上部结构传给桥墩的压力 $P = 2000$ kN，桥墩自重（不包括地面以下基础部分）$G = 800$ kN，列车的水平制动力 $F = 300$ kN，桥墩受力图已画出，试求桥墩 $ABCD$ 截面上的最大正应力。（答案：$\sigma_{max} = -1.296$ MPa）

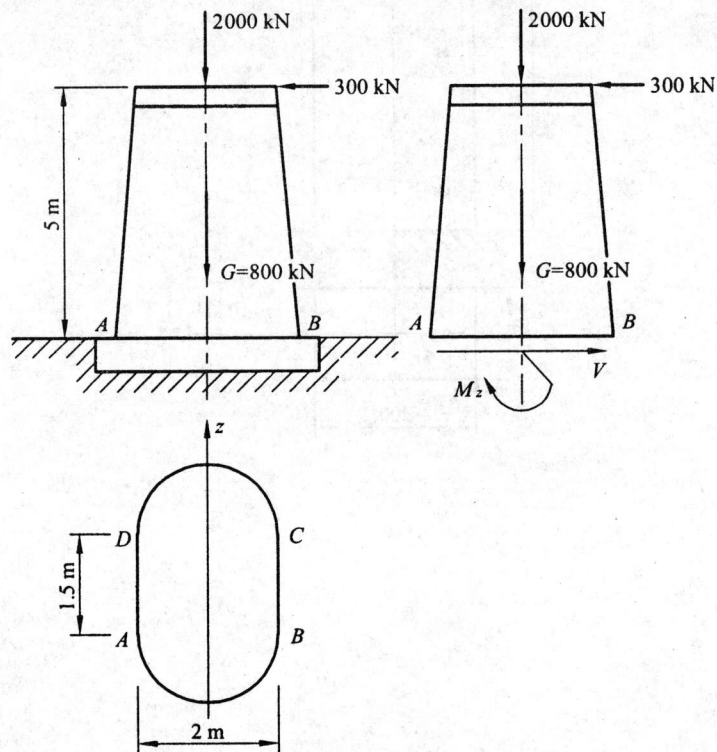

11－8　图示为柱的基础,已知在其顶面上受到由柱身传来的轴力、弯矩及水平力,基础自重及基础上土重总共为 $G = 173$ kN,现已画出基础受力图,试画出基础底面上的正应力分布图。

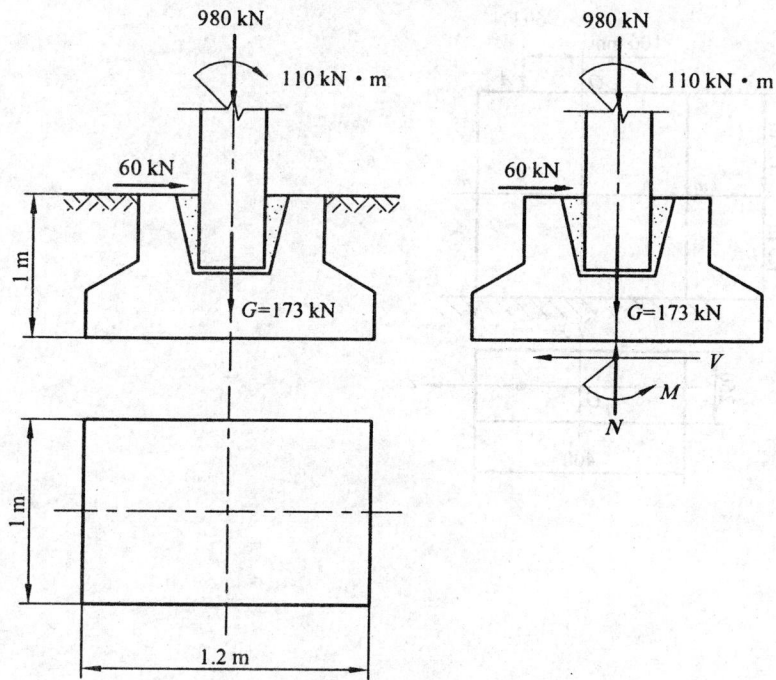

11 - 9　图示偏心受压柱受 $P = 20$ kN 作用。完成下列填空和计算。

(1) P 力引起的弯曲以＿＿＿＿轴为中性轴

抗弯截面模量

$W =$ ＿＿＿＿＿＿＿＿＿＿

(2) 柱中间截面内力

$N_1 =$ ＿＿＿＿＿＿＿＿＿＿

$M_1 =$ ＿＿＿＿＿＿＿＿＿＿

柱底截面内力

$N_2 =$ ＿＿＿＿＿＿＿＿＿＿

$M_2 =$ ＿＿＿＿＿＿＿＿＿＿

(3) 求柱危险截面最大拉应力

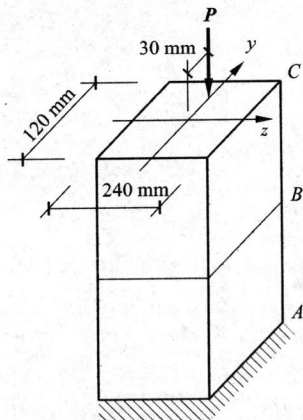

11 - 10　图示一矩形截面混凝土短柱，试求 $m - n$ 截面上和底面上的最大和最小正应力，并作底面应力分布图。

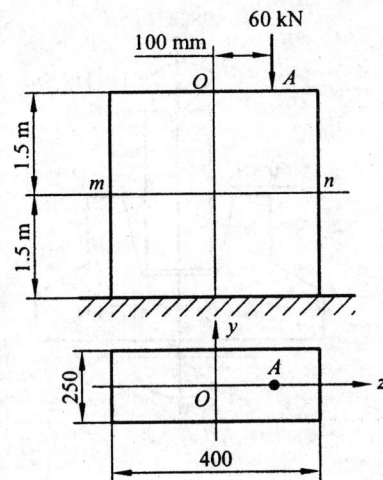

11 - 11　图示牛腿柱，由屋面传来的压力 $P_1 = 100$ kN，由吊车传来的压力 $P_2 = 40$ kN，截面宽为 200 mm，试求使底面不出现拉应力时，截面高度 h 值。（答案：$h = 277$ mm）

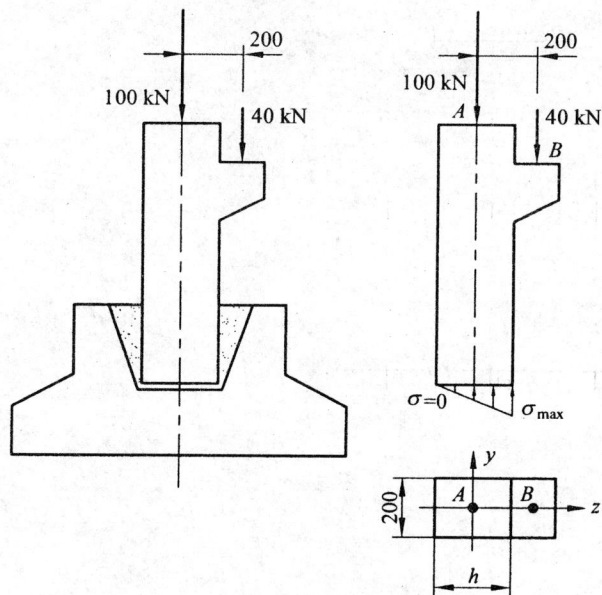

11－12　挡土墙的横截面形状和尺寸如图示，土壤对墙面侧压力每米长为 $P = 30$ kN，作用在离底面 $h/3$ 处，方向水平向左，挡土墙材料的重度 $\gamma = 23$ kN/m³，现已作出挡土墙的受力图。试求：①基础面 $m - n$ 上的最大压应力。②若磨擦系数 $f = 0.3$，问挡土墙是否会滑动？（答案：$\sigma_{max} = -0.0625$ MPa）

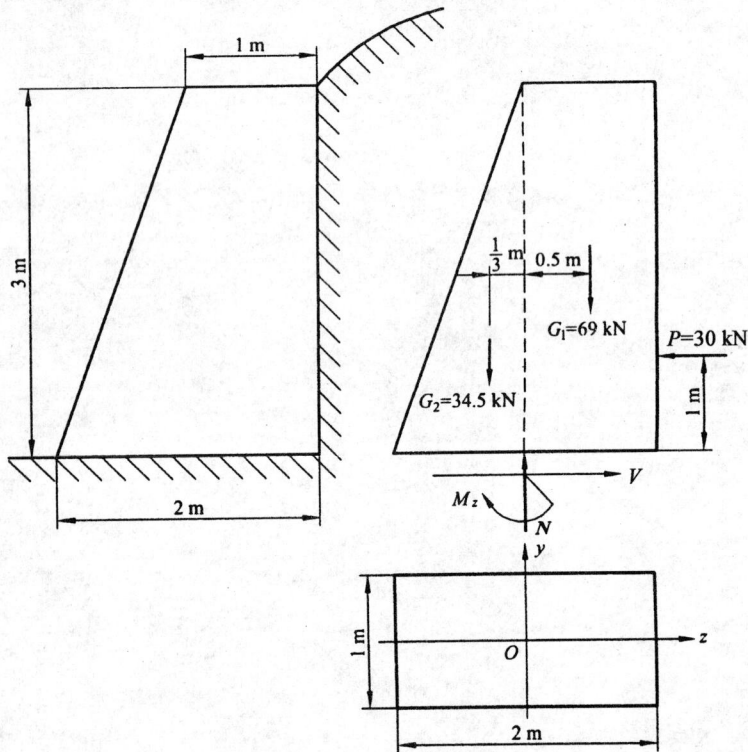

11 - 13　要使图示受压柱内不出现拉应力, 在 P 力容许的作用范围内, 完成尺寸标注。

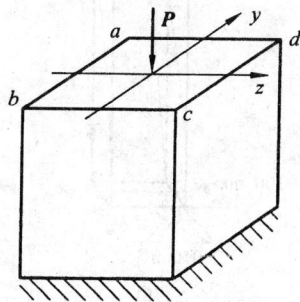

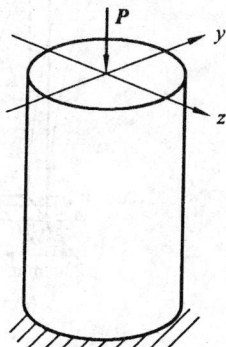

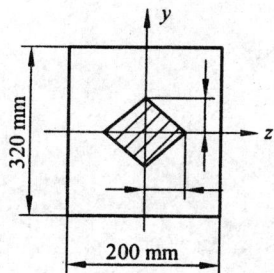

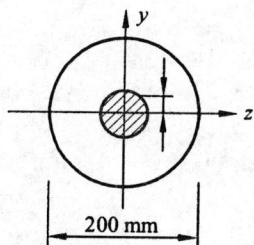

12－1　根据压杆失稳的定义，判断下列情况近似于受压失稳的有＿＿＿＿＿＿。

a. 举重运动员举起过重的重量停留时间不够

b. 受压混凝土柱纵向开裂；

c. 比萨斜塔的倾斜。

12－2　一轴向受压杆，材料和压力不变。稳定性不满足时，下面＿＿＿＿＿＿＿＿是可能的原因。

a) 杆件 L 过长

b. 横截面面积 A 过小

c. 两端支承过弱

d. 截面形状不合理

12－3　图示矩形截面压杆，轴向压力达到临界力时发生弯曲，粗实线为原状态图，细实线为弯曲后变形图。试完成下列填空和计算。

(1) 压杆实际失稳弯曲是以＿＿＿＿轴为中性轴，变形如图＿＿＿＿所示。

(2) 压杆实际失稳弯曲的最小惯性矩

$I_{min} =$ ＿＿＿＿＿＿＿＿＿＿＿＿＿

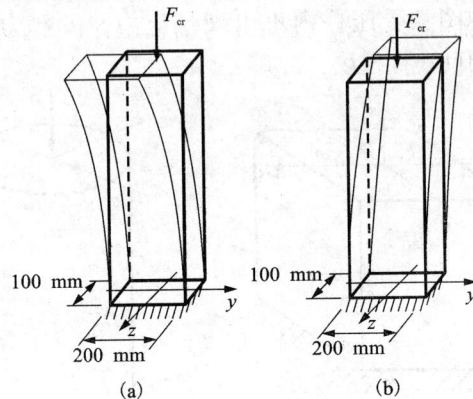

(a)　　　　　　(b)

12-4　图示轴心受压杆，已知其为细长压杆，弹性模量 $E=200$ GPa，试计算其临界力 P_{cr}。

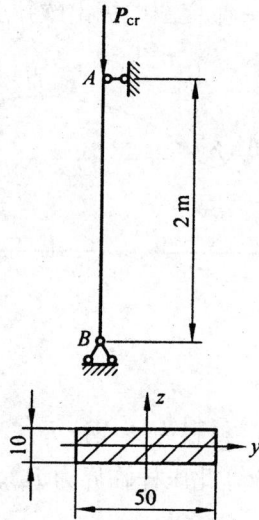

12-5　图示各压杆受压均处于临界状态，草绘弯曲后柱的挠曲线形状，并填 μ 值。

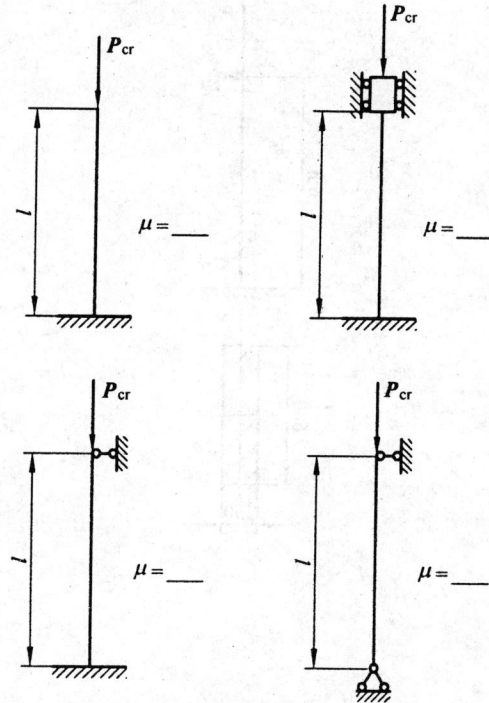

$\mu=\underline{}$

$\mu=\underline{}$

$\mu=\underline{}$

$\mu=\underline{}$

12-6　钢筋混凝土柱，高 6 m，下端与基础固定，上端与屋架铰支连接，弹性模量 $E = 26$ GPa，试计算该柱的临界力。

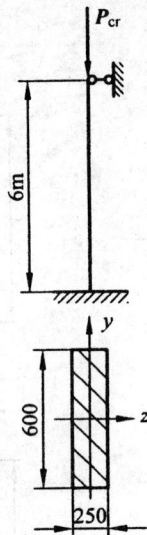

12-7　由临界应力计算公式 $\sigma_{cr} = \dfrac{\pi^2 E}{\lambda^2}$ 知，长细比 λ 越大，临界应力 σ_{cr} 越小。在应力 - 应变图中标出欧拉公式的适用范围。

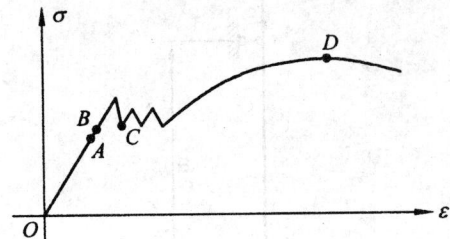

12-8　一压杆如图示，材料为 A_3 钢，$E = 200$ GPa。①判断此压杆是否为长细杆；②计算此压杆临界力 P_{cr}。

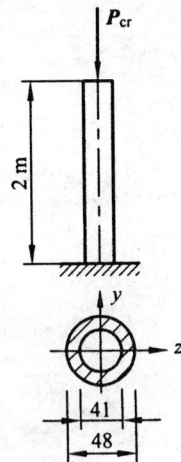

12-9　柔度 λ 与下列＿＿＿＿＿＿因素有关。

a. 材料种类　　　　　b. 杆件长度

c. 杆端支承情况　　　d. 截面惯性矩 $I_{\min}$ 的大小值。

12-10　图示受压木杆，试判断是否可用 $\sigma_{cr}=\dfrac{\pi^2 E}{\lambda^2}$ 公式计算临界应力。若能，计算临界应力($E=10$ GPa)。

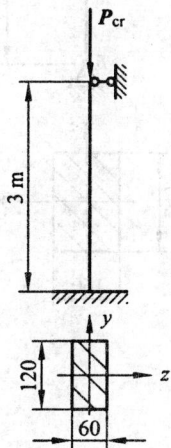

12-11　轴向压缩时的许用应力$[\sigma]$大小值与＿＿＿＿＿＿有关，而临界应力 σ_{cr} 与下列＿＿＿＿＿＿因素有关。

a. 材料种类

b. 杆件长度

c. 杆端支承情况

d. 横截面形状及大小

12-12　轴心受压柱在中部挖一圆孔，对柱进行稳定计算时，公式 $\dfrac{P}{A}\leqslant\varphi[\sigma]$ 中的计算用截面积 $A=$ ＿＿＿＿＿＿。

a. $bh-\dfrac{\pi}{4}d^2$　　　　b. $bh-bd$　　　　c. bh

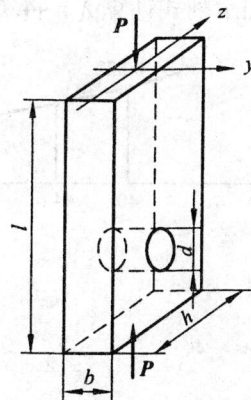

12－13　完成下列填空和判断。

(1)惯性半径 $i =$ ＿＿＿＿＿＿＿＿＿＿＿

　　柔度系数 $\lambda =$ ＿＿＿＿＿＿＿＿＿＿

(2)计算折减系数 φ 值的步骤是按＿＿＿进行的。

a. $i_{max} \rightarrow \lambda_{max} \rightarrow$ 查表求 φ

b. $i_{min} \rightarrow \lambda_{max} \rightarrow$ 查表求 φ

c. $\lambda_{max} \rightarrow i_{min} \rightarrow$ 查表求 φ

12－14　φ 值根据 λ 查表确定。若表中不能直接查出,则用直线内插法计算。试根据图示列式计算 $\lambda = 44.6$ 对应的 φ 值。

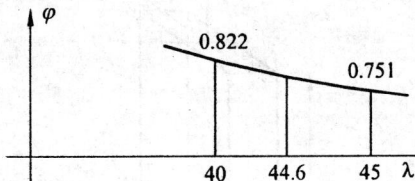

12－15　一矩形截面受压木柱如图示,材料许用应力$[\sigma] = 10$ MPa,试校核其稳定性。

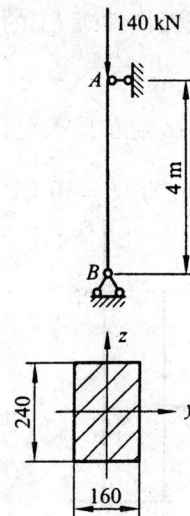

12－16 某建筑为了在底层形成大空间，同时减小柱的断面尺寸，用 25a 工字钢做的支承如图示，经计算得上部传来荷载 P = 150 kN，柱材料许用应力 $[\sigma]$ = 160 MPa，并在柱中挖圆孔 d = 20 mm 以便装修之用。试校核其稳定性，并检验强度。（答案：φ = 0.601475，强度 $\sigma_{\max}$ = 32 MPa）

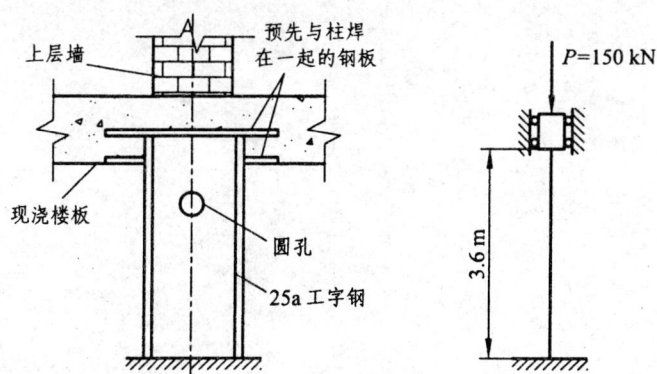

12-17　结构的受力情况如图示，柱 BD 为圆木，直径 $d = 160$ mm，$[\sigma] = 10$ MPa，试校核柱的稳定性。

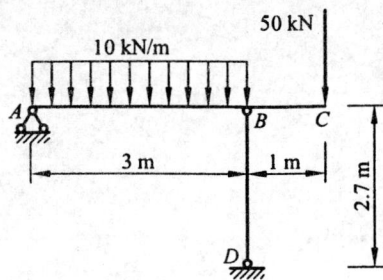

12-18　压杆的横截面积不变, 现有以下截面形式可供选择, 以稳定性的观点看, 最合理的是＿＿＿＿＿, 最差的是＿＿＿＿＿。

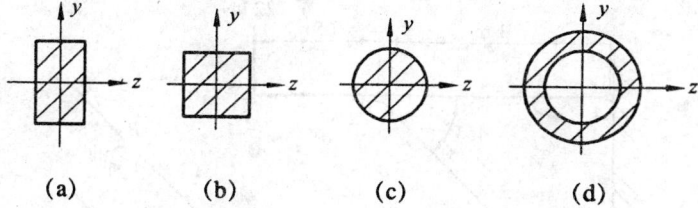

(a)　　　　(b)　　　　(c)　　　　(d)

12-19　下列三压杆图中, 图(b)和图(c)是图(a)改进所得, 三杆截面相同, 总长度不变, 其中稳定性最好的是＿＿＿＿＿。

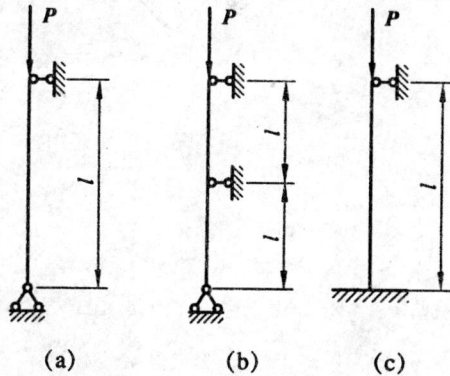

(a)　　　　(b)　　　　(c)

12-20　两端固定的钢杆, 材料许用应力$[\sigma]=160$ MPa, 试求该压杆的许可荷载$[P]$。

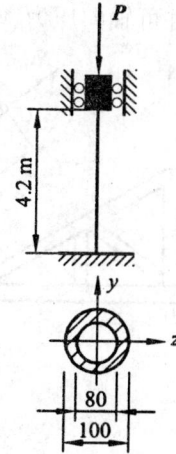

12－21　三角形木屋架，斜腹杆 CD 的截面尺寸为 100 mm×100 mm，材料为松木，顺纹许用应力 $[\sigma] = 10$ MPa，CD 杆的两端按铰支考虑，试求 CD 杆的许可轴向压力 N_{CD} 值。

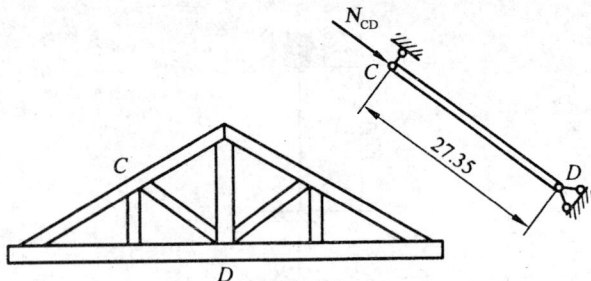

12－22　图示三角形支架，BC 杆为圆截面钢杆，BC 杆材料的许用应力 $[\sigma] = 170$ MPa，试选择其直径 d。（答案：$d = 34$ mm）

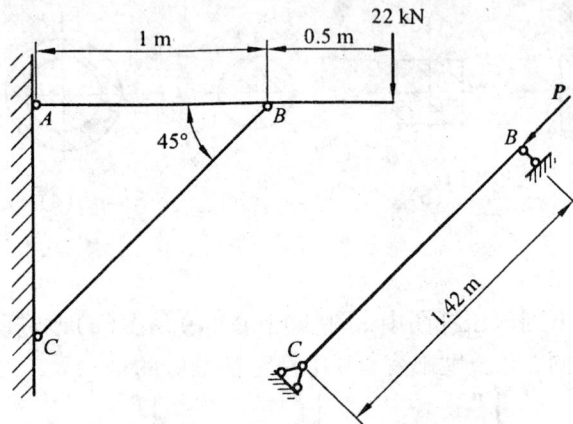

参 考 文 献

[1] 范继昭. 建筑力学[M]. 北京：高等教育出版社，1992
[2] 孙亚玲. 工程力学习题册[M]. 北京：中国劳动社会保障出版社，2011
[3] 葛若东. 建筑力学[M]. 北京：中国建筑工业出版社，2004
[4] 王斌耀. 工程力学练习册[M]. 北京：机械工业出版社，2008
[5] 刘思俊. 工程力学习题册[M]. 北京：机械工业出版社，2006
[6] 朱品武. 工程力学习题集[M]. 武汉：华中科技大学出版社，2012